职业道德与职业素养

（第3版）

主　编　艾建勇　陈　瑛
副主编　刘　芳

重庆大学出版社

内 容 提 要

本书包括道德与职业道德、职业道德与企业文化、职业道德与企业竞争力、爱岗敬业与诚实守信、职业素养概述、员工职业素养的培育、公务礼仪等七个部分的内容。从职业道德和职业素养两个方面讲述作为学生或从业者将如何提高自己，使自己成为一个良好的就业者，如何树立良好的就业道德，如何提高自己的职场生存力，如何将自己锻炼成一位深受职场欢迎的人才。

本书可适用于高等职业院校、中等职业院校和技校"职业道德与职业素养"课程教学，可作为国家职业资格鉴定培训教育用书，也可作为企业员工培训用书。

图书在版编目(CIP)数据

职业道德与职业素养/艾建勇，陈瑛主编.--3 版
.--重庆:重庆大学出版社,2019.7(2022.8 重印)
ISBN 978-7-5624-5679-7

Ⅰ.①职… Ⅱ.①艾…②陈… Ⅲ.①职业道德—教
材 Ⅳ.①B822.9

中国版本图书馆 CIP 数据核字(2019)第 142210 号

职业道德与职业素养

(第3版)

主 编 艾建勇 陈 瑛

副主编 刘 芳

策划编辑:周 立

责任编辑:周 立　版式设计:周 立
责任校对:任卓惠　责任印制:张 策

*

重庆大学出版社出版发行

出版人:饶帮华

社址:重庆市沙坪坝区大学城西路 21 号

邮编:401331

电话:(023) 88617190　88617185(中小学)

传真:(023) 88617186　88617166

网址:http://www.cqup.com.cn

邮箱:fxk@ cqup.com.cn(营销中心)

全国新华书店经销

重庆市远大印务有限公司印刷

*

开本:787mm×1092mm　1/16　印张:10.25　字数:256 千
2010 年 12 月第 1 版　2019 年 7 月第 3 版　2022 年 8 月第 10 次印刷
印数:12 280—14 279
ISBN 978-7-5624-5679-7　定价:32.00 元

前　言

职业道德与职业素养的学习是一个优秀工作者所必备的,特别是对在校学生在职业技能的学习、形成过程中起到了关键性和基础性的作用。本书以提升学习内动力和职业能力为出发点,既注重基本理论知识,又重视实际操作技巧,力求融理论、实作和趣味为一体。

本书包括道德与职业道德、职业道德与企业文化、职业道德与企业竞争力、爱岗敬业与诚实守信、职业素养概述、员工职业素养的培育、公务礼仪等七个部分的内容。从职业道德和职业素养两个方面讲述作为学生或从业者将如何提高自己,使自己成为一个良好的就业者,如何树立良好的就业道德,如何提高自己的职场生存力,如何将自己锻炼成一位深受职场欢迎的人才。

本教材由艾建勇、陈瑛完成统稿。由艾建勇(昆明冶金高等专科学校)编写课程引入、项目1,陈瑛(昆明冶金高等专科学校)编写项目5、项目7,刘芳(云南广播电视大学)编写项目1、项目4、项目6,梅捷(昆明冶金高等专科学校)编写项目5、项目7,曾革(昆明冶金高等专科学校)编写项目2、项目3,李柏村(昆明冶金高等专科学校)编写项目2,赵丽(昆明冶金高等专科学校)编写项目3,赵袁维嘉(昆明冶金高等专科学校)编写项目4。

本书可适用于高等职业院校、中等职业院校和技校"职业道德与职业素养"课程教学,可作为国家职业资格鉴定培训教育用书,也可作为企业员工培训用书。

由于编者水平所限,不当之处在所难免,恳请读者批评指正。

编　者
2019 年 1 月

目　录

课程引入

成功需要认清自己并改善自己！

作为一个从业者，是否羡慕公司中其他人的高薪？

自己和公司企业的其他从业者相比是否感觉到差距？

遇到公司企业中的从业人员，是否感觉到和自己的精神面貌不一样？从他们的仪表、表情、言语交流到交换名片、自我介绍，是否感觉到自己和其他员工的差别？是否想过如何能够和他们一样或超过他们？

你是否遇到别人很难了解你的意思，或者说在沟通和说服别人的时候感觉到有困难？

你是否遇到在分析问题的时候，抓不到重点，推理不准确，归纳不完整，分析问题的方法不是那么有条理？

你是否遇到工作常常受挫，意志消沉，以各种借口逃避、拖延，内心极为痛苦的滋味？

你是否遇到尽力维持同事关系，但是却感到力不从心，寻找不到有效的方法？

你是否感觉到创造力枯竭，做事因循守旧，而别人却创新不断，自己难以应付？

在本课程当中，我们将教你，如何成为一个良好的就业者，如何树立良好的就业道德，如何提高自己的职场生存力，如何将自己锻炼成一位深受职场欢迎的人才。

 相关阅读

吴士宏曾是 IBM（中国）公司的总经理。可在许多年前，吴士宏还只是一个护士，她渴望着自己职业的转换。1985 年，中国改革开放如火如荼，电子行业飞速发展，人才紧缺。她决定到 IBM 去应聘。当时，IBM 的招聘地点在长城饭店，这是一个五星级的饭店。在长城饭店门口，她足足徘徊了五分钟，呆呆地看着那些各种肤色的人从容地迈上台阶，简简单单地进入另一个世界。她的内心深处无法丈量自己与这道门之间的距离。

经过一番思考，她鼓足了勇气，迈着稳健的步伐，穿过威严的旋转门，顺应内心的召唤，走进了世界最大的信息产业公司 IBM 公司的北京办事处。她的确是一个人才，顺利地通过两轮笔试和一轮口试，最后到了主考官面前，眼看就要大功告成了。

俗话说:阎王好见,小鬼难缠。现在已经见到了"阎王",她,什么也不怕了。主考官没有提出什么难的问题,只是随口问她会不会打字。

她本来不会打字,但是本能告诉她,到了这个地步,不能有不会的。

于是,她点点头,只说了一个字:"会!""一分钟可以打多少个字?""您的要求是多少?""每分钟 120 字。"

她不经意地环视了一下四周,考场里没有发现一台打字机,她马上就回答:"没问题!"主考官说:"好,下次录取时再加试打字!"

实际上,吴士宏从来没有摸过打字机。面试结束,她就飞快地跑去找一个朋友借 170 元钱买了一台打字机,然后没日没夜地练习了一个星期,居然达到了专业打字员的水平。

她被录取了,成了这家世界著名企业的一名员工。吴士宏每天除了工作时间就是学习,寻找自己的最佳出路。最终,在与她一起进 IBM 的雇员中,她第一个做了业务代表;她第一批成为本土的经理;她成为第一批赴美国进行战略研究的人;她第一个成为 IBM 华南地区总经理——也就是人们常说的"南天王"。最后吴士宏登上了 IBM(中国)公司总经理的宝座。

项目 **1**
道德与职业道德

道:本意是客观真理,即自然界的构造、运动、变化等规律,社会的客观发展和变化规律,人的生老病死等规律,是自然存在和发展的规律。它客观存在,左右社会和人类的发展。顺应它去发展,社会才能健康和谐,人才会健康幸福,自然界才会长足存在。

德:本意为顺应自然。社会和人类需要发展,在不违背自然规律的前提下,去改造自然、发展社会、发展自己的事业。

"道德"一词,在汉语中可追溯到先秦思想家老子所著的《道德经》一书。老子说:"道生之,德畜之,物形之,势成之。是以万物莫不尊道而贵德。道之尊,德之贵,夫莫之命而常自然。"其中,"道"指自然运行与人世共通的真理;而"德"是指人世的德性、品行、王道。在当时"道"与"德"是两个概念,并无"道德"一词。"道德"二字连用始于荀子《劝学》篇:"故学至乎礼而止矣,夫是之谓道德之极"。在西方古代文化中,"道德"(Morality)一词起源于拉丁语的"Mores",意为风俗和习惯。

道德,就是一定社会、一定阶级向人们提出的处理人与人之间、个人与社会之间、个人与自然之间各种关系的一种特殊的行为规范。

道德的概念需要从下面三方面认识:

(1)道德是随着社会经济不断发展变化而不断发展变化的,没有什么永恒不变的抽象的道德。

(2)道德是人的专利。道德就是讲人的行为"应该"怎样和"不应该"怎样的问题。正如达尔文所说:"在人和低等动物之间的种种差别之中,最为重要而且其重要程度又远远超出其他重要差别之上的一个差别是道德感或良心"。

(3)人类社会要和谐有序地向前发展,同样需要一定的规矩、一定的规则、一定的标准。有了这些规则,而且深入到人们的心里,人们自觉按这些规则去做,各方面的工作就会有序地进行,就会减少不必要的矛盾和冲突。

 案　例

林海燕,女,33岁,广东省茂名市体育彩票10060号销售点业主。

　　2002年8月30日上午,设在广东省化州市中山路的茂名市体彩票10060号销售点电话响了,经常在这里买彩票的老顾客吴先生因出差在外无法亲自来买彩票,打电话请林海燕代买700元的体育彩票。尽管金额较大,林海燕还是爽快地为吴先生垫钱买了彩票。当日下午,广东体彩36选7开出了全省唯一一注518万元大奖,而这个大奖就落在林海燕所在的销售点上。林海燕查对彩票号码后,发现竟是自己垫钱为吴先生买的彩票中了奖。彩票是林海燕垫钱买的,顾客也一直未来取票,体彩具有不记名、不挂失的特点,林海燕完全可以把518万元奖金据为己有。但林海燕丝毫不为奖金所动,立即拿起电话把中奖消息告诉了还在外地的吴先生。9月9日,吴先生出差回来,高兴地到了10060号销售点取走了林海燕为他垫钱买下并保管了一个多星期的中奖彩票。吴先生要给林海燕20万元作为感谢,她坚决拒绝了。

　　(1)所谓职业道德,就是与人们的职业活动紧密联系的符合职业特点所要求的道德准则、道德情操与道德品质的总和,它既是对本职人员在职业活动中行为的要求,同时又是职业对社会所负的道德责任与义务。

　　(2)职业道德是社会上占主导地位的道德或阶级道德在职业生活中的具体体现,是人们在履行本职工作中所遵循的行为准则和规范的总和。

　　(3)职业道德,是指从事一定职业的人在职业生活中应当遵循的具有职业特征的道德要求和行为准则。

　　职业道德的涵义包括以下八个方面:

　　(1)职业道德是一种职业规范,受社会普遍的认可。

　　(2)职业道德是长期以来自然形成的。

　　(3)职业道德没有确定形式,通常体现为观念、习惯、信念等。

　　(4)职业道德依靠文化、内心信念和习惯,通过员工的自律实现。

　　(5)职业道德大多没有实质的约束力和强制力。

　　(6)职业道德的主要内容是对员工义务的要求。

　　(7)职业道德标准多元化,代表了不同企业可能具有不同的价值观。

　　(8)职业道德承载着企业文化和凝聚力,影响深远。

 案 例

　　北京晨报的一则报道说:一公共汽车司机在行车途中突发心脏病猝死,临死前他用最后一丝力气踩住了刹车,保证了车上二十多个人的安全。然后他趴在方向盘上离开了人世。他生命的最后举动,说明在他心里,时刻想到的是要对乘客的安全负责,他虽然是一个普通人,却体现出高尚的人格和职业道德。

任务1 认识道德及其在社会中的重要作用

1.1 道德的特性

1.1.1 道德的普遍性

人源于动物又高于动物,基本的道德准则使人变为"伦理动物"区别于其他动物。除了处于混沌无知时期的原始人和少数极端愚民政治高压下造成基本道德规则的扭曲外,抑恶扬善是人类道德范畴中最基本的要义,几乎任何时代的任何民族都对弃恶从善有着普遍的向往,奉为普遍的道德准绳。孟子曰:"老吾老以及人之老,幼吾幼以及人之幼。"从古老的《圣经》到现代的《人权宣言》,从作为欧美基督教义的"摩西十诫"到中国儒家代表思想的《论语》,人类的许多宗教和伦理传统都具有并一直维系着这样一条原则:己所不欲,勿施于人。

除了基本的道德准则外,人类在竞争与合作、友爱与仇恨的交替中为寻求个体安宁和社会正义,经过政治家、哲学家们的演绎与归纳,自然形成了体例更工整、含义更广泛的各个社会的基本道德标准。如中华文明中扶贫济困、助人为乐、尊老爱幼的道德准则。可以说哪里有社会生活,哪里就有道德的存在。在人类社会形成的各个共同体中,都存在着其成员有义务据以行事的各种原则,存在着他们有义务遵守的各项规则,存在着他们有义务加以培养和实践的各种美德。

 相关阅读

1993 年 8 月 17 日,身为济南军区某红军团通信连中士班长的徐洪刚从家乡返回部队。当时有女青年被歹徒耍流氓,徐洪刚见义勇为被歹徒连捅 14 刀。事情发生后,当地的各政府机构、医院及广大群众纷纷行动起来最终保住了徐洪刚的性命。随后,江泽民、李瑞环、刘华清、胡锦涛等领导同志接见了见义勇为的英雄战士徐洪刚等来自全国各地的双拥模范代表。当时江泽民同志指出:"徐洪刚等人的事迹,体现了我们共产党的传统,也体现了中华民族的传统美德"。徐洪刚获得了"见义勇为青年英雄""全国新长征突击手"的称号。

1.1.2 道德的时代性

道德基本准则区别了人和其他动物,为人类社会共同遵守。在不同的社会和不同的时期中道德的表现形式是不同的。如在中国的古代,强调:"饿死事小,失节事大"的道德准则。而到了辛亥革命特别是新文化运动之后,这类带有明显的封建时代印记的旧道德得以消除。新中国成立后,整个社会性质发生了变化,道德观念也有一个根本性的变化。那些代表封建时代的道德文化受到了批判而退出了历史舞台,取而代之的是建设社会主义的新文化和新道德。

"男女平等"的新的道德观念取代了"饿死事小，失节事大"的旧道德，道德观念的变化对于时代的推动意义是不言而喻的。随着改革开放的开始，社会进入了一个具有历史意义的伟大的转型期，社会的变化，同样带来了人们的思想观念相应的巨大的变化。这种变化也波及道德方面的变化。向"钱"看才能向"前"看，对个人价值的讨论等，这些观念、意识，在绝大部分社会成员中形成了共识，成为了社会成员事实上的认知观念，影响到人们的行为，成为了新时代的行为规范，也就形成了新时代的道德规范。这样看来，社会结构的变迁，经济基础的变化，也意味着社会道德规范的变化，什么样的时代就有什么样的道德规范。

 案　例

　　"嘿，你偷东西！"某天早上7点过，江津城区2路公交车上，这一声正义的喝声，来自一名11岁的四年级小学生。这名小学生遭到小偷卡脖子、扇耳光进行报复，全车30人无一敢出声。小学生彭飞（化名）遭到报复后情绪很低落，称以后再也不会制止小偷了。

 相关阅读

大学生和农民

　　张华1979年考入第四军医大学空军医学系，同年加入中国共产党。1982年7月11日，张华路过西安康复路口时，听见马路对面的公共厕所里传来"快来救人"的呼喊声，于是飞奔过去。张华看见69岁老汉魏志德在疏通厕所粪便时被沼气熏倒，落入粪池，便迅速脱下军装，拦住一位正要下池的老师傅，抢先沿着竹梯下到3米深的粪池救人。张华左手紧握梯子，伸出右臂，从一米外的粪水中拽过魏老汉，又一把抱在腰间，朝池口的人们喊道："人还活着，快放绳子。"话音刚落，张华也被强烈的沼气熏昏，倒入粪池。

　　当群众把张华救出来送进医院时，他因严重中毒窒息时间过长，年轻的心脏再也没有恢复跳动，牺牲时年仅24岁。

　　在28年前的1982年，这一事件曾引起全社会的巨大反响和争议。

　　张华被追记一等功，授予烈士称号。当时几乎所有主流媒体都以英雄的称号来报道他。但是，当时还有舆论这样认为：一边是天之骄子的24岁大学生，一边是掏粪的69岁老农，年轻大学生为救年迈老农而死不值得。

　　20世纪80年代初，在中国改革开放的政治、经济大形势下，社会生活呈现出广阔而复杂的特性，一切固有的价值观念在转型期风云激荡，个体命运、人的价值被空前关注。"值不值得"的争论，在今天看来也许是荒诞的，但它映射着那个转型初期的语境。

1.1.3   道德的阶级性

列宁说过："当人们还不会从任何一种有关道德、宗教、政治和社会的言论、声明和诺言中揭示出这些或那些阶级的利益时，他们无论是过去或将来总是在政治上作受人欺骗和自己欺骗自己的愚蠢的牺牲品的"（《列宁选集》第2卷第446页）。阶级社会中的各种道德大都是为特定的阶级的利益服务的。不同的阶级具有不同的道德观念、道德情感、道德理想和道德理论。地主阶级所维护的是宗法等级道德观念；而农民则希望"等贵贱，均贫富"。统治阶级的道德在社会的道德规范中占支配地位，"统治阶级的思想在每一时代都是占统治地位的思想。这就是说，一个阶级是社会上占统治地位的物质力量，同时也是社会上占统治地位的精神力量。支配着物质生产资料的阶级，同时也支配着精神生产的资料，因此，那些没有精神生产资料的人的思想，一般地是受统治阶级支配的"（《马克思恩格斯选集》第1卷第52页）。如封建社会的"君为臣纲，父为子纲，夫为妻纲"。阶级斗争中，常以反对对方的道德观念、道德情感、道德理想和道德理论为手段。道德被作为阶级斗争的一种手段。当然在同一种经济关系中，在大体相同的时代背景中，不同阶级之间也有一定的共同道德。这种情况不仅存在于不同的剥削阶级之间，也存在于剥削阶级与被剥削阶级之间。

 相关阅读

猴子的经典实验

道德的起源

把五只猴子关在一个笼子里，上头有一串香蕉。实验人员装了一个自动装置，一旦侦测到有猴子要去拿香蕉，马上就会有水喷向笼子，而这五只猴子都会一身湿。首先有只猴子想去拿香蕉，当然，结果就是每只猴子都淋湿了。之后，每只猴子在几次的尝试后，发现莫不如此。于是，猴子们达到一个共识：不要去拿香蕉，以避免被水喷到。后来实验人员把其中的一只猴子释放，换进去一只新猴子A，这只猴子A看到香蕉，马上想要去拿，结果被其他四只猴子狠狠地剋了一顿。因为其他四只猴子认为猴子A会害他们被水淋到，所以制止他去拿香蕉。A尝试了几次，虽被打得满头包，依然没有拿到香蕉。当然，这五只猴子就没有被水喷到。后来实验人员再把一只旧猴子释放，换上另外一只新猴子B，这猴子B看到香蕉，也是迫不及待要去拿。当然，一如刚才所发生的情形，其他四只猴子狠狠地剋了猴子B一顿，特别是那只猴子A打得特别用力。猴子B试了几次总是被打得很惨，只好作罢。后来，慢慢的，一只一只的，所有的旧猴子都换成新猴子了，大家都不敢去动那香蕉。但是，他们都不知道为什么，只知道去动香蕉会被猴扁，这就是道德的起源。

阶级的起源

实验人员继续他们的实验，不过这一次他们改变了喷水装置。一旦侦测到有猴子要去拿香蕉，马上就会有水喷向拿香蕉的猴子，而不是全体，然后实验人员又把其中的一只猴子释放，换进去一只新猴子 C。不同以往的是猴子 C 特别的孔武有力，当然猴子 C 看到香蕉，也马上想要去拿。一如以前所发生的情形，其他四只猴子也想狠狠地剋猴子 C 一顿，不过他们错误估计了猴子 C 的实力，所以结果是反被猴子 C 狠狠地剋了一顿。于是猴子 C 拿到了香蕉，当然也被淋了个透湿，猴子 C 一边打着喷嚏一边吃着香蕉，美味但是也美中不足。后来猴子 C 发现只有拿香蕉的那个才会被淋到，他就要最弱小的猴子 A 替他去拿，猴子 A 不想被剋，只好每天拿香蕉然后被水淋。猴子 B、D、E 越发地快乐了起来，这就叫比上不足比下有余嘛。于是五只猴子有了三个阶级，这下子阶级也随着道德的起源而出现了。

1.2 道德的社会作用

"人无德不立，国无德不兴""道德兴，国家兴""道德兴，民族兴"，道德的社会作用是通过认识、教育、调节和稳定社会秩序等社会职能来实现的。对任何历史条件下的社会而言，人的道德素质状况、水平，都是一种强大的精神力量，是用来衡量社会文明进步的重要标尺。

1.2.1 道德对经济基础的作用

当一种新的社会经济关系发展起来，并将取代旧的社会经济关系时，新的经济关系所持有、产生的道德便会同旧道德进行抗争，通过向人们表明旧的社会经济关系道德是恶的、不正义的，新的经济关系所持有、产生的道德则是善的、正义的，通过内心信念、社会舆论的方式唤起人们为消灭旧的经济关系，建立和发展新的经济关系。当新的社会经济关系确立起来，并建立了相应的政治制度以后，由它所产生的道德逐渐形成一套完整的原则规范体系，将为这一经济关系及其相应的政治制度存在的合理性进行辩护。通过指导和约束人们的行为，保障和促进新的经济关系和政治制度的巩固与发展。

1.2.2 道德对社会生产力的影响

中国古代就十分重视人的道德素质的社会作用，提出"德者，国家之基也""德者，才之帅也""有才无德，其行不远""有德无才是庸才""有才无德是害才""人而无德、人而无信，其行不远，其人可畏"。德乃做人之首，道德是文化最基本的内容之一。但丁曾说过："道德常常能填补智慧的缺陷，而智慧永远填补不了道德的缺陷。"柏拉图曾经说过，人有三个心愿：一是健康；二是通过诚实的劳动获得富裕的生活；三是看上去优雅美丽。劳动者是生产力诸要素中最活跃的因素，是进行社会物质生产的主体。人们的道德面貌如何，常常影响着他们在社会生产中作用的发挥。因为人们的劳动和其他各种活动都是在一定的思想观念支配下进行的，当一种道德观念为人们接受之后，必然对他们的劳动态度和生产积极性等发生影响，并进而对社会生产的发展起到一定的促进或阻碍作用。

1.2.3 道德对其他社会意识形态和上层建筑的影响

在阶级社会中，道德对政治和法律具有重要的影响。一定的道德总是为一定阶级的政治服务的，统治阶级的道德不仅影响着法律，而且与法律相互渗透，甚至直接重合，赋予法律以道德的影响力和激发力。而执政者和执法者的道德面貌如何，又对整个国家和社会具有一定的影响。道德对宗教、文艺等其他社会意识形态和上层建筑部分也具有重要的影响。在各种社会形态中,以道德的影响最为广泛,它不仅经常对大量违反政策和法律的行为进行着评价,而且对大量不违反政策和法律的行为进行着评价,施加着影响,从而给予上层建筑以广泛深刻的影响,并进而间接地反作用于经济基础。

1.2.4　道德对社会稳定和人们日常生活及交往的作用

亚当·斯密说:"经常每天和人签订20个合同的人,绝对不可能因欺骗附近的人而得到大好处。他的奸诈面目一旦被人识破,失败便无可避免。"道德作为"起码的公共生活准则",通过调整人们之间的关系,对维护整个社会的相对稳定,保证人们日常生活和交往的正常进行具有非常重要的作用。精神力量和思想道德的能动作用,在社会发展过程中的作用是自始至终存在的。任何一种经济形式的生成或建立,都离不开一定的道德观念指导或符合某种道德要求,英国经济学家A.森说:"道德像氧气,当它存在的时候,人们往往忽视它,只有缺少它时,我们才会注意它。"人的道德素质的提升是经济高速运行、良性发展的重要因素。诺贝尔经济学奖获得者诺斯教授曾说过,自由市场制度本身并不能保证效率,一个有效率的自由市场制度除了需要一个有效的产权和法律制度相配合之外,还需要在诚实、正直、合作、公平、正义等方面有良好道德的人去操作这个市场。

 相关阅读

三鹿事件

石家庄三鹿集团是集奶牛饲养、乳品加工、科研开发为一体的大型企业集团,是中国食品工业百强、农业产业化国家重点龙头企业,也是河北省、石家庄市重点支持的企业集团,连续6年入选中国企业500强。企业先后荣获全国"五一"劳动奖状、全国先进基层党组织、全国轻工业十佳企业、全国质量管理先进企业、科技创新型星火龙头企业、中国食品工业优秀企业、中国优秀诚信企业等省以上荣誉称号二百余项。2007年,集团实现销售收入100.16亿元,同比增长15.3%。

2008年1月,三鹿获得了由国务院颁发的2007年度国家科学技术进步奖,使三鹿成为国内乳品企业中唯一登上国家最高科技领奖台的乳品企业。2008年6月25日中国航天员科研训练中心宣布:三鹿成为中国航天员中心"航天乳饮料及乳粉"的唯一合作伙伴,全国唯一"航天乳饮料"专业生产企业。

2008年6月28日,位于兰州市的解放军第一医院收治了首例患"肾结石"病症的婴幼儿,据家长们反映,孩子从出生起就一直食用河北石家庄三鹿集团所产的三鹿婴幼儿奶粉。7月中旬,甘肃省卫生厅接到医院婴儿泌尿结石病例报告后,随即展开了调查,并报告卫生部。随后短短两个多月,该医院收治的患婴人数就迅速扩大到14名。

此后,全国陆续报道因食用三鹿乳制品而发生负反应的病例一度达几百例,事态之严重,令人震慑!2008年9月13日,党中央、国务院对严肃处理三鹿牌婴幼儿奶粉事件作出部署,立即启动国家重大食品安全事故一级响应,并成立应急处置领导小组。2008 年 9 月 15 日,甘肃省政府新闻办召开了新闻发布会称,甘谷、临洮两名婴幼儿死亡,确认与三鹿奶粉有关。

随着问题奶粉事件的调查不断深入,奶源作为添加三聚氰胺最主要的环节越来越被各界所关注。另据医学专家介绍,三聚氰胺是一种低毒性化工产品,婴幼儿大量摄入可引起泌尿系统疾患。目前患泌尿系统结石的婴幼儿,主要是由于食用了含有大量三聚氰胺的三鹿牌婴幼儿配方奶粉引起的,多数患儿通过多饮水、勤排尿等方法,结石可自行排出。如出现尿液混浊、排尿困难等症状时,需要及时到医院就诊。发生急性肾功能衰竭时,如及时治疗,患儿也可以恢复。

2008 年 12 月 24 日,石家庄市中级人民法院对三鹿发出破产令。

2008 年 9 月 23 日,中国总理温家宝在纽约出席联合国大会期间,在回答有关中国食品安全的提问时说:"一个企业家身上应该流淌着道德的血液。"

任务 2　认识职业个性的概念及类型

2.1　个性与职业个性

2.1.1　个性的定义

简单地说,个性就是一个人的整体精神面貌,即具有一定倾向性的心理特征的总和。

"个性"一词最初来源于拉丁语 Personal,最初指演员所戴的面具,后来指演员——一个具有特殊性格的人。一般来说,个性就是个性心理的简称,在西方又称人格。

"个性"一词在心理学中的解释是:一个区别于他人的、在不同环境中显现出来的、相对稳定的、影响人的外显和内隐性行为模式的心理特征的总和。

由于个性结构较为复杂,因此,许多心理学者从自己研究的角度提出个性的定义。美国心理学家奥尔波特(G. W. Allport)曾综述过 50 多个不同的定义。如美国心理学家吴伟士(R. S. Woodworth)认为:"人格是个体行为的全部品质。"美国人格心理学家卡特尔(R. B. Cattell)认为:"人格是一种倾向,可借以预测一个人在给定的环境中的所作所为,它是与个体的外显与内隐行为联系在一起的。"苏联心理学家彼得罗夫斯基认为:"在心理学中个性就是指个体在对象活动和交往活动中获得的,并表明在个体中表现社会关系水平和性质的系统的社会品质。"

就目前西方心理学界研究的情况来看,从其内容和形式分类方面来看,主要有下面五种定义:

第一,列举个人特征的定义。认为个性是个人品格的各个方面,如智慧、气质、技能和德行。

第二,强调个性总体性的定义。认为个性可以解释为"一个特殊个体对其所作所为的总和"。

第三,强调对社会适应、保持平衡的定义。认为个性是"个体与环境发生关系时身心属性的紧急综合"。

第四,强调个人独特性的定义。认为个性是"个人所有有别于他人的行为"。

第五,对个人行为系列的整个机能的定义。这个定义是由美国著名的个性心理学家阿尔波特(G. W. Allport)提出来的,认为"个性是决定人的独特的行为和思想的个人内部的身心系统的动力组织。"

综上所述,尽管心理学家们对个性的概念和定义所表达的看法不尽相同,但其精神内涵还是比较一致的:个性是人们的心理倾向、心理过程、心理特征以及心理状态等综合形成系统心理结构。

而现代心理学一般认为,个性就是个体在物质活动和交往活动中形成的具有社会意义的稳定的心理特征系统。

在日常的人际交往中,我们会发现:有的人行为举止、音容笑貌令人难以忘怀,而有的人则很难给别人留下什么印象;有的人虽曾见过一面,却给别人留下长久的回忆,而有的人尽管长期与别人相处,却从未在人们的心目中掀起波澜。出现这种现象的原因就是个性在起作用。一般来说,鲜明的、独特的个性容易给人以深刻的印象,而平淡的个性则很难给人留下什么印象。

2.1.2 职业个性的概念

职业个性是指人们在长期特定的职业生活中所形成的与职业相联系的、稳定的心理特征。例如,有的人对待工作总是一丝不苟、踏实认真,在待人处事中总是表现出高度的原则性、果断、活泼、负责,在对待自己的态度上总是表现为谦虚、自信,严于律己等,所有这些特征的总和就是他的职业个性。它是一种倾向和动力,是一种态度和行为方式,是一种智慧和能力。

职业个性影响着一个人对职业的适应性,简单地说就是:一定的个性适于从事一定的职业。例如,乐群的人适合教师、社会工作者等职业;冷静的人比较适合会计、科研人员等职业;理性的人适合工程师、技师等行业;世故性高的人适合心理学家、商人等职业。如果自己的个性和职业的需要个性相悖,在工作的时候就会遇到很大的心理冲突,人们会觉得难以胜任自己的工作,工作上成功的几率也会较小。例如,一个比较缄默的人担任销售的工作。缄默的人,往往乐群性比较低,喜欢对事不对人,而销售的工作需要应付人与人之间的复杂情绪交流。因此,缄默的人如果担任销售的工作,那么在工作的过程中,他不可避免会有很多心理冲突,在就业前,要认识自己的个性。

 案 例

陈波从某高校机械专业毕业后,找到了一家企业,做技术支持的工作。几年过去了,虽然他全身心投入、兢兢业业,可业绩却非常一般,而同时进公司的其他同事却得到了提升。在朋友的建议下,他作了一次性格测试。测试结果告诉他,他比较擅长与人打交道,更适合做类似销售或经纪人之类的工作。随后,他跳槽到一家机械公司作商务代表,将他的专业和特长相结合,最大地发挥了他的优势。

类似陈波这种经历在很多人的身上都有过。例如,有些人能力很强,但是在工作中就是表现一般;有些人本来技术能力突出,提升为管理层就变得不能得心应手。面临选择,到底哪个职位该是自己明智的选择?

现在很多企业都提出"人—职匹配"的概念,要求技能和性格方面都与岗位匹配。例如,作为技术员,要求专注于技术研究和不会对此感到枯燥,性格外向的陈波在此岗位上就会心猿意马;而作为机械公司的商务代表,则需要的不仅是机械技术方面的基本知识,还需要擅长与人交流,处理人际关系等方面的"性格"。陈波具有机械技术方面的知识背景,其性格非常符合机械公司商务代表的职位。

2.2　职业个性的类型

孔子把治理国家看成是人生的奋斗目标,提出一个人要"修身、齐家、治国、平天下",而爱因斯坦却拒绝担任以色列总统;医生素有"白衣天使"之美称,可鲁迅先生却毅然弃医从文。这些例子都说明"人各有志",即每个人的职业个性不一样。我们通过直接或间接地了解人们对不同活动的偏好,将职业个性分为六种类型。

(1)传统型:这种个性类型的人在事务性的职业中最为常见。这种类型的人容易组织起来,喜欢和数据型及数字型的事实打交道,喜欢明确的目标,不能接受模棱两可的状态。我们用这一类的词语来表述他们:服从的,有秩序的,有效率的,实际的。这类型人缺乏想象,能够自我控制,缺乏灵活性。出纳员就是这种类型的典型代表。

(2)艺术型:这种类型与传统型形成最强烈的反差。他们喜欢选择音乐、艺术、文学、戏剧等方面的职业。他们认为自己富有想象力,直觉强、易冲动,好内省、有主见。这一类型的人语言方面的资质强于数学方面。这类人的感情极为丰富,组织纪律较差。

(3)现实主义型:这种类型的人真诚坦率,较稳定,讲求实利,害羞,缺乏洞察力,容易服从。他们一般具有机械方面的能力,乐于从事半技术性的或手工性的职业(如管道工、装配线工人等),这类职业的特点是有连续性的任务需要却很少有社会性的需求,如谈判和说服他人等。

(4)社会型:社会型的人与现实主义型的人几乎是相反的两类。这类型喜欢为他人提供信息,帮助他人,喜欢在秩序井然、制度化的工作环境中发展人际关系和工作。这些人除了爱社交之外,还有机智老练、友好、易了解、乐于助人等特点。其个性中较消极的一面是独断专行,爱操纵别人。社会型的人适于从事护理、教学、市场营销、销售、培训与开发等工作。

(5)创新型(企业家型):这种类型的人与社会型的人相似之处在于他(她)也喜欢与人合作。其主要的区别是创新型的人喜欢领导和控制他人(而不是帮助他人),其目的是为了达到特定的组织目标。这种类型的人自信,有雄心,精力充沛,健谈。其个性特点中较消极的一面是专横,权力欲过强,易于冲动。

(6)调查研究型:这种类型与创新型几乎相反。这一类型的人为了知识的开发与理解而乐于从事现象的观察与分析工作。这些人思维复杂,有创见,有主见,但无纪律性,不切实际,易于冲动。生物学家、社会学家、数学家多属于这种类型。在商业性组织中,这类人经常担任的是研究与开发职务及咨询参谋之职。这些职务需要的是复杂的分析,而不必去说服取信于他人。

通常六种特性会在一个人身上交叉体现,共同发挥作用。

2.3　个性特征与职业选择

2.3.1　个性特征分析与职业

1)需要与职业

需要,指对事物的欲望或要求,即个体对内外环境的客观需求在脑中的反映。它常以一种"缺乏感"体验着,以意向、愿望的形式表现出来,最终导致为推动人进行活动的动机。了解需要的特性结构与健康性需要的内涵,这是职业心理的基本内容。需要具有三个特性。驱动性是需要的本质的特点;需要的第二特性是不满足性和递进性,人的需要满足是暂时的,一个需要满足了,又会有新的需要出现;需要的第三特性是矛盾性和优越性,人的需要是多层次,多种类的,需要和需要之间必然会发生冲突,冲突时,必然有一种需要占优势,从而取得支配地位。针对"需要"的这些特性,在职业选择中如何来正确地对特呢?首先我们要充分地理解"需要"的三个特性,正确地认识"个人需要""社会需要"以及"客观实际"的问题。其次,个人的需要的满足是建立在劳动所创造的物质和精神财富的基础上,是个人通过参加社会劳动的数量和质量的基础上体现的,它同时制约着个人需要满足的水平。因此,进行择业过程中,必须从实际出发,只有脚踏实地,将你的主观愿望同客观现实结合起来,才能实现自我需要的满足。

2)兴趣与职业

兴趣是个体以特定的事物、活动及人为对象,所产生的积极的和带有倾向性、选择性的态度和情绪。当我们对某件事情或某项活动时,就会很投入,而且印象深刻。兴趣是组成个性心理倾向的一个重要方面,是人们有意识、有目的地认识与反映现实和从事某种活动中的动力,当我们对某件事情或某项活动产生兴趣时,就会很投入,而且印象深刻。兴趣不只是和个人的认识和情感密切联系着的。如果一个人对某项事物没有认识,也就不会产生情感,因而也就不会对它发生兴趣。相反,认识越深刻,情感越丰富,兴趣也就越深厚。例如集邮,有的人对集邮很入迷,认为集邮既有收藏价值,又有观赏价值,它既能丰富知识,又能陶冶情操,而且收藏的越多,越丰富,就越投入,越情感专注,越有兴趣。兴趣包括五个方面的品质,即:兴趣的倾向性、兴趣广度、兴趣的中心、兴趣的持久性、兴趣的效能性,它们对择业有着重要的影响。

在职业选择中,如果我们对某种职业活动产生浓厚兴趣,就会充分集中注意力,激发你深入探究职业的热情。兴趣与职业目标、社会责任感融合起来逐渐转化形成了职业兴趣。高尔基有句名言:"如果工作是快乐的,那么人生就是乐园;如果工作是强制的,那么人生就是地狱。"因此,在择业过程中我们要根据职业特点,重视培养自身的职业兴趣,将二者有机地结合起来。

3)气质与职业

案　例

1926 年 3 月 6 日,格林斯潘出生于纽约市曼哈顿岛的华盛顿高地小区。格林斯潘的父亲赫伯特·格林斯潘是名商人,后来成为股票经纪人和经济顾问,格林斯潘对经济的爱好和天赋明显来自父亲。他的母亲罗丝性格开朗乐观,喜爱音乐,格林斯潘从母亲那里继承了对音乐的喜爱。格林斯潘父母的性格差异很大,父亲赫伯特个性冷漠高傲,他与热情开朗的罗丝时常争吵。1929 年的经济大萧条加剧了这段婚姻的裂痕,拮据的日子使得赫伯特和罗丝的感情更加疏远。格林斯潘 5 岁时,父母终于离了婚,罗丝带着格林斯潘回到娘家。外祖父一家是名副其实的音乐之家,在这样的家庭中长大,格林斯潘不可能不爱上音乐。在各类乐器中,他选择了单簧管。最后,他考入了美国音乐最高学府——朱利亚音乐学院,当时他的职业目标是当一个音乐家。可是,格林斯潘在这座贵族学府里生活得并不开心,当年的高材生在这里不再受到瞩目,他的老师也不把他当作自己的得意门生。两年以后,格林斯潘终于中途退学,参加了一个小舞蹈团的乐队,随着舞蹈团全国巡回演出,演奏高音萨克斯管、单簧管,或者偶尔演奏长笛。在这期间,格林斯潘兼做舞蹈团的账务簿记,也替乐队同事们计算税务。这样过了一年多,他终于认识到,自己的音乐天分不够高,便忍痛离开了乐队,回到大学,开始了经济学的学习生涯。1948 年,他取得了纽约大学经济学学士学位。可是,在那时他并没有完成硕士或博士学位的学习,因为他在纽约大学深造经济学的努力时断时续,没有能够及时完成他的博士论文。直到 1977 年,即取得学士学位以后 29 年,才获得纽约大学博士学位。在 1954 年至 1974 年和 1977 至 1987 年,他两度担任设在纽约的汤森-格林斯潘经济咨询公司的总裁和董事长,在商业圈中赢得了广泛的声誉。但在他的人生历程中,商业只是一场精彩的预演,真正的事业巅峰始于 1970 年,他因为尼克松的赏识得以进入总统经济顾问委员会,辉煌的政治生涯就此起航。1974 年,他成为委员会主席;1981 年至 1983 年,担任国家社会保险改革委员会主席;1987 年,受命于里根总统出任美联储主席,开始领航美国经济。2004 年 5 月 18 日,当布什总统再次提名艾伦·格林斯潘担任美联储主席时,他在这个位置上已经连续工作了 17 个年头。素有"金融常青藤"之称的格林斯潘在人们的心目中是个"一打喷嚏,全球就得下雨"的神奇人物,他是美国经济的舵手,世界经济的领航员。今天,就是极富想象力的人,恐怕也难把这个整天板着脸,不苟言笑,举止极为谨慎小心的格林斯潘,幻想成一个身穿鲜亮的黄色夹克衫,吹奏疯狂的萨克斯管,浪迹美国,在城镇爵士乐俱乐部以演奏爵士乐为生的青年音乐家。是什么让格林斯潘从一个三流乐手变成一个经济大师和"金融常青藤"?格林斯潘为什么在音乐家的职业目标上失败,而在经济学家的职业道路上成功?格林斯潘在职业上的成功与失败对我们有什么启示?从职业指导的观点来看,格林斯潘的成功是因为他最终选择了适合自己气质的职业。

气质,在《辞海》里释为:人的相对稳定的个性特点和风格气度。张载《张子全书·语录钞》:"为学大益,在自求变化气质。"气质是指心理活动在强度、速度、灵活性及指向性上的典型而稳定的个性心理特征。气质具有明显的天赋性,气质是由生理机制决定的,一个人从呱呱坠地开始,就具有了与众不同的气质特点。气质是个性结构中最稳定的成分,形象、气质是现代企业择业标准的重要条件,因此气质特征影响一个人的择业活动,也影响一个人职业活动中的职业成就,当然,在一般的职业活动中,由于个人气质特征的互补性,是允许不同气质特征的人同时存在,而且实践也证明具有不同气质特征的人,从事同一职业活动也能取得同样出色的成绩。心理学家将气质划分为多血质、胆汁质、黏液质、抑郁质四种类型,各种气质的人在对职业的适从性上表现也不同。多血质(活泼型)的人活泼爱动,富于生气,情绪发生快而多变,行动具有很高的反应性,行动敏捷、灵活。亲和,容易适应新的环境,喜欢与人交往,语言具有表达力和感染力,活动中表现得积极主动。但热情产生得比较快,消退得也比较快,对简单重复性工作会厌烦和萎靡不振。多血质的人在职业上具有较广的适应性,最适合需要与人沟通和交往的职业,如外交公关类职业、营销类职业等。胆汁质(兴奋型),精力充沛,情绪发生快而强,具有较高的反应性和主动性,他们脾气急躁、易怒,不稳重、好挑衅,态度直率。他们能以极大的热情投入工作,并努力克服前进道路上的障碍,但有时会表现得缺乏耐心,以自我为中心。他们可塑性较差,兴趣较稳定。凡是需要激情与超越的工作都比较适合胆汁质的人,如艺术家、政治家等。黏液质(安静型),沉着冷静,情绪发生慢而强,反应性比较低,情感不易发生变化,也不易外露。他们对自己的行为有较大的自制力,心理反应缓慢,遇事不慌不忙。能够稳定地、有条理地、持久地工作。但缺乏灵活性,注意力容易保持而不易转移。需要情绪稳定并按条理工作的职业比较适合黏液质的人,如事务性职业、普通公务员等。抑郁质(抑制型),有较高的感受性,往往能够觉察出许多人不易觉察出的细节。多愁善感,情绪容易发生变化,且表现得微弱而持久。不愿与人交往,孤僻。富于想象,比较聪明。在困难面前表现得优柔寡断,主动性差,不能把事情坚持到底。不需要过多与人交往,需要细致且工作变化不大的职业比较适合抑郁质的人,如文学家、诗人、会计、普通文员等。

4)性格与职业

性格是个性心理特征的核心,它是个人在长期生活实践和环境因素作用下,形成的比较稳定的心理特征。人的性格与职业的适应性有着密切的联系,各种职业都需要有相应性格的人来工作,而某种性格的人又比较适宜从事某些职业。罗斯福曾说过的一句话:"成功者大都不是天才,他们只是一些有着普普通通品质的人。但他们在适合自己性格的工作中,充分挖掘了自己这些普普通通的品质,从而达到了一个不一般的程度。"

 相关阅读

<h3 align="center">十二种典型性格及其适合的职业</h3>

——作者:罗杰·安德生(美)

一、刚毅型

具有刚毅性格的人,大都锋芒毕露,喜欢独自决断。因此他们适合开拓性和决策性的职业,不适宜从事机械性、服务性的工作,也不适宜从事要求细致的工作。刚毅性格是刚与毅的结合,具有这种性格的人不仅性格刚强、刚烈,而且还具有坚强持久的意志力。他们的优点是意志坚定、行为果断、勇猛顽强、敢于冒险,善于在逆境中顽强拼搏。阻力越大,个人的力量和智慧就越能发挥得淋漓尽致。他们办事效率高,处理问题果断泼辣。他们有魄力,敢说别人不敢说的话,敢做别人不敢做的事。遇事通常自己做主,不依赖他人,不迷信权威、长者,喜欢独立思考、独立工作。缺点是易于冒进,权欲重,有野心。这种人常常盛气凌人、争强好胜,喜欢争功而不能忍,并多有不同尤其是反对意见。为人霸道,与人共事缺乏谦让和商量,喜欢自己说了算。具有这种性格的人适合在政治、军事等领域发展。他们目标明确,行为方式积极主动、坚决果断,故多适应开拓性或决策性的职业,如政治家、社会活动家、行政管理、群众团体组织者等,不适宜从事机械性的工作和要求细致的工作。

二、温顺型

温顺型性格的人逆来顺受,随波逐流,缺乏主见。不能果断,常常因优柔寡断而痛失良机。但是,这种性格的人又有性情温和柔顺、慈祥善良、亲切和蔼、不摆架子、处事平和稳重的优点,他们能够照顾到各个方面,待人仁厚忠恕,有宽容之德。更重要的是,这种人有丰富的内心世界和敏锐的观察力,他们在文学艺术的领域常常会如鱼得水。同时。他们还擅长技能型、服务型工作,如秘书、护士、办公室职员、翻译人员、会计师、税务、社会工作者,或专家型工作,如咨询人员、幼儿教师等。不适合从事要求能作出迅速、灵活反应的工作。

三、固执型

固执型性格的人擅长独立和负有职责的工作,他们长于理性思考,办事踏实稳重,兴趣持久而专注。他们特别适合科研、技术、财务等工作,不适合做需与人打交道、变化多端的工作。固执型的人在思想、道德、饮食、衣着上往往落伍于社会潮流,有保守的倾向。他们比较谨慎,该冒险时不敢冒险,过于固执,死抱住自己认为正确的东西,不肯向对方低头,不善于变通。他们有些惰性,不够灵活,而且不善于转移注意力。但这种人又有立场坚定、直言敢说、倔强执著的优点。他们行得端、走得正,为人正统;他们做事踏实、稳重,兴趣持久而专注;他们善于忍耐,沉默寡言,情绪不轻易外露;他们具有较强的自我克制能力。

四、韬略型

韬略性格的人适合去做一些挑战性的工作,却不适合从事细致单调,环境过于安静的职业。这种人机智多谋而又深藏不露,思维缜密。心中城府深如丘壑,善于权变,反应也快,能够自制自律,临危而不惧,临阵而不乱。缺点是诡智多变,因而不容易控制,不宜选派这种人掌管财务、后勤供应等事。而且这种人往往表面谦虚,实际上不会吃哑巴亏,诡计多端,会算计。他们有野心,不甘居人后,更不愿寄人篱下。有这种性格的人,他们在紧张和危险的情况下能很好地执行任务,他们适宜从事具有关键作用和推动作用的工作。典型的职业有政府官员、企业领导、行政人员、管理人员、新闻工作等。

五、开朗型

开朗性格的人比较适宜从事商业贸易、文体、新闻、服务等职业,但不适宜做与物打交道的技术性或操作性工作。这种人交游广阔,待人热情,生性活泼好动,出手阔绰大方,处世圆滑,能赢得各方朋友的好感和信任。他们善于揣摩人的心思而投其所好,长于与各方面的人打交道,常混迹于各种场合而能左右逢源;善于打通各方面的关节,适合于做销售和公关工作。反应灵敏,善于与人交往,人缘好,处理起人际关系来得心应手,不容易得罪别人。缺点是广交朋友而不加区分,悉数收罗。对朋友常讲义气,而往往原则性不强,很难站在公正的立场上看待事情的是非曲直,不适宜做原则性强的工作。另外,兴趣和情趣容易变换。演艺、新闻、保险、服务以及其他同人群交往多的。这些职业能够充分发挥出他们的性格优势。但不适合做与物打交道的技术性或操作性工作。艾柯卡就属这种性格的人。他最喜欢说的一句话就是:"追求你的热情,而不是你的养老金!"

六、勇敢型

勇敢是警察、企业家、领导者、消防员、军人、保安、检察官、救生员、潜水员等不可缺少的性格。在这些职业领域,有这种性格的人将会如鱼得水。但这种性格却不适宜从事服务、科研、财务等要求细致的工作。具有这种性格的人敢作敢当,富于冒险精神,意气风发,勇敢果断,有临危不惧的勇气。对自己衷心佩服的人能言听计从,忠心耿耿。适应能力强,在新的环境中能应付自如,反应迅速而灵活。缺点是对人不对事,服人不服法,全凭性情做事。只要是自己的朋友,于己有恩,不管他犯了什么错误,都盲目地给予帮助。注意力不稳定,兴趣容易转移。极其鲁莽,常会做出一些不理智的事情。这类人可以与其共赴危难,却难以与其处穷守约。

七、谨慎型

性格谨慎的人思维缜密,办事精细、周全,十分适宜高级管理者、会计、银行职员、出纳、统计、秘书、参谋、科研等项职业,但缺乏开拓创新能力,不适宜从事要求大刀阔斧的职业。你若是一个谨慎型性格的人,你一定会受到这样一些责备:你疑心太重、顾虑重重;你缺少决断,不敢承担责任;你谨小慎微,一而再、再而三地错失机会;你缺少胆量,不敢开拓创新……不错,谨慎型性格的人的确有上述缺点,但是,千万不要忘记,谨慎性格的人是世界上最精细、最理性的人。他们做起事来一丝不苟、小心谨慎;他们为人谦虚、思维缜密;他们讲究章法、井井有条;他们考虑问题既全面又深入,一旦他们找对了职业,他们经常会成为长盛不衰的人。谨慎性格的人生活比较有规律,不愿随便打破平稳的节奏;他们注意细节的精确,能按部就班完美地完成工作;他们适合做办公室和后勤等突变性少的工作。他们喜欢有规则的具体劳动和需要基本操作技能的工作,但缺乏开拓创新能力,不适宜从事要求大刀阔斧的职业。典型的职业有高级管理者、秘书、参谋、会计、银行职员、法官、统计、研究人员、行政和档案管理,以及与图纸、工程等打交道的工作。谨慎性格的人由于其谨慎,他们常常能成为政界和商界的"不倒翁"。

八、急躁型

这种性格适合做刺激性强而富于挑战性的工作,典型的职业有记者、推销员、采购员、消防员、导游、节目主持人、演员、模特等。他们不适合做整天坐在办公室里或不走动的工作。这种人性格开朗外向,志向远大,卓尔不群,富于开创精神,不轻言失败,成功欲望强烈,永远希望自己走在成功者的前列。他们精力旺盛、反应敏捷、乐观大方,但性急而缺少耐性,热情忽高忽低,容易激动暴躁,神经活动具有很高的兴奋性,心境变换剧烈。他们能以极大的热情去工作,能主动克服工作中的困难;但如果对工作失去信心,情绪就马上会低沉下来。缺点是好大喜功、急于求成、轻率冒进。做事规范不太考虑现实条件。有这种性格的人喜欢工作内容经常有些变化,喜欢追求工作中的新奇感和成就感,能对每一次挑战都全力以赴地去应付,并付出百般的热情。在有压力的情况下,他们的工作往往很出色,但在职场中,妨碍他们成功的危险源于他们追求事业成功的急迫心理。急于求成,往往事与愿违。他们追求多样化的活动,善于将注意力从一件事情转移到另一件事情上。

九、狂放型

对于性格狂放的人来说,最适合他们的职业莫过于音乐、文学和艺术;最不适合他们的职业则莫过于从政和经商。这种人行为狂放,桀骜不驯,自负自傲;为人豪放、豪爽,不拘小节,不阿谀奉承,常常凭借本性办事,做事好冲动,好跟着感觉走。因而对很多事情都看不惯,难以在实际工作中取得卓越成就。他们一般具有想象力强、冲动、情绪化、理想化、有创意、不重实际等性格特征。适合在需要运用感情和想象力的领域里工作,但不擅长于事务性的职业。一个有狂放、冲动性格的人,如果有自知之明,就千万别往仕途上挤,免得身败名裂。狂放、好冲动,做公司经理也不行,经商决策是冷静、理智的思维过程,一冲动准会赔得一塌糊涂。人没有激情不好,哪怕是动则不一样,当一个人冲动时往往会失去理智,做出出格的事来。此外,有这种性格的人往往情绪易激动,起伏波动较大,控制力较弱。如果做股票、期货经纪人,恐怕钱没赚着,跳楼倒有可能是真的。这些人喜欢表现自己的爱好和个性,喜欢根据自己的感情来作出抉择,喜欢通过自己的工作来表达自己的理想。典型职业有创造型工作,如演员、诗人、音乐家、剧作家、画家、导演、摄影师、作曲家,或者是创意型工作,如策划、设计等。因此,他们在文学、音乐、绘画等艺术领域往往会有惊人的成就,在那片天地中他们可以尽情地实现自己的理想和抱负。

十、沉静型

性格沉静的人适合从事一些相对稳定的职业,如医生、工程师、教师、会计、出纳等,却不适合做富于变化和挑战性大的工作。这种人内心沉静、沉稳,沉得住气,办事不声不响。工作作风细致入微,认真勤恳,有锲而不舍的钻研精神,因此往往能成为某一个领域的专家和能手。他们感情细腻,做事小心谨慎,善于察觉到别人观察不到的微小细节。他们喜欢探索和分析自己的内心世界,一般来说,性格略为孤僻,容易过分地全神贯注于自己的内心体验。在别人看来,他可能显得冷漠寡言,不喜欢社交。缺点是行动不够敏捷,凡事三思而后行,容易错过生活中擦肩而过的机会。兴趣不够广泛,除自己感兴趣的事外,不大关心身边的事物。适应能力较差,虽然体验深刻,但反应速度慢,相对刻板而不灵活。这种人喜欢按照一个机械的、别人安排好的计划和进度办事,爱好重复的、有计划的、有标准的工作。适合从事稳定的、不需与人过多交往的技能性或技术性职业。典型的职业有医生、印刷校对、装配工、工程师、播音员、出纳、机械师及教师、研究人员等。他们不适合做富于变化和挑战性大的工作。

十一、耿直型

这种人胸怀坦荡,性情质朴敦厚,没有心机,有质朴无私的优点。情感反应比较强烈和丰富,行为方式带有浓厚的情绪色彩。他们富有冒险精神,反应灵敏。他们常常被认为是喜欢生活在危险边缘,寻找刺激的人。缺点是过于坦白真诚,为人处世大大咧咧,心中藏不住事,大口没遮拦,有什么说什么,显山露水,城府不深。做事往往毛手毛脚、马马虎虎、风风火火。而因直爽造成的人际关系方面的损失就更不必推算,即使你是吹捧,那直爽的赞歌也会让听者觉得不舒服。同时,因性情耿直、脾气暴躁、不善变通,有时会一味蛮干,不听劝阻,该说的说,不该说的也说,常常会给自己招来麻烦。具有这种性格的人适合从事具有冒险性、探索性或独立性比较强的职业,比如演员、运动员、航海、航天、科学考察、野外勘测、文学艺术等。但不适宜从事政治、军事等原则性强、保密性强的职业。

十二、善辩型

善辩性格的人有较强的社交能力,适合从事公关、营销、广告、经纪人、调解员等与外界广泛接触的职业,但不适宜从事科研、财务等要求严谨细致的工作。这种人勤于独立思考,知识面广,脑子转得快,主意多,是出谋划策的好手。他们不愿循着前人的路子,因此多有标新立异的见解;他们能言善辩,能说会道。口才好,富有鼓动性、煽动性,与人交谈或演讲时往往旁征博引,滔滔不绝,常让一般人大开眼界;他们具有友善、善社交、善言谈、洞察力强等性格特征。有较强的社会交往能力和感染力。缺点是博而不精,专一性不够,有时候难免自吹自擂,夸夸其谈,常给人以云山雾罩之感,令人不知所云。

5) 能力与职业

能力是个人顺利完成某种活动所需要的并直接影响活动效率的个性心理特征,是一个人能否进入职业的先决条件,是能否胜任职业工作的主观条件。无论从事什么职业总要有一定的能力作保证。没有任何能力,根本谈不到进入职业工作,对个人来讲也就无所谓职业生涯可言。能力,是指完成一定活动的本领。人在其一生之中,要从事各种各样的社会生活和社会生产活动,必须具备多种能力与之相适应。我们这里所言的能力,是指劳动者从事社会生产活动的能力,即职业工作能力。

人们的能力可分为一般能力和特殊能力两大类。一般能力通常又称为智力,包括注意力、观察力、记忆力、思维能力和想象力等,一般能力是人们顺利完成各项任务都必须具备的一些基本能力。特殊能力是指从事各项专业活动的能力,也可称特长,如计算能力、音乐能力、动作协调能力、语言表达能力、空间判断能力等。由此可见,能力是一个人完成任务的前提条件,是影响工作效果的基本因素。因此,了解自己的能力倾向及不同职业的能力要求对合理地进行职业选择具有重要意义。能力的不同,对职业选择就有差异。从能力差异的角度来看,在职业选择时应遵循以下原则:注意能力类型与职业相吻合;注意一般能力与职业相吻合;注意特殊能力与职业相吻合。

2.3.2　加强择业教育

(1)树立社会需要的择业观。职业的产生和变化是随着社会需要的变迁而不断变化的,因此,没有社会需要就没有分工,没有分工就没有职业选择,所以,人的择业历来都是受到社会发展的制约。我们要树立远大的职业观,以社会需要为前提,以对社会的贡献为主要目标,正确地对待职业的社会地位,去努力争取较高的职业地位。树立社会需要的择业观的另一个问题,就是要把个人兴趣与社会实际需要相统一。在职业选择中,综合考虑社会职业的要求与你的职业能力等相关因素的符合程度。最后,树立社会需要的择业观,集中体现在培养学生具有敬业、爱岗的精神和高尚的事业心和社会责任感。

(2)发挥自我良好的生理和心理素质。企业用人单位需要最基本的素质是生理素质,劳动者的身体素质是劳动能力的生理基础和基本前提。在择业过程中,首先要注重发挥生理特长;其次,要充分发挥自身专业特长;第三,充分发挥个性心理优势。

(3)具有开拓创新的精神,不断奋进,创造多种就业条件。跨世纪的青年一代应具备多种优良素质,才能肩负起历史的重任。当今社会是一个能力社会,也是一个竞争的社会,只有通过自我加压,通过进修、培训、自学、磨炼,不断完善自我,千方百计地促使自己就业素质上台阶、上等级,成为"一人多证""一专多能"的复合型人才,成为社会人才市场的抢手货。

任务3 学习职业道德的概念、特征和主要内容

 案 例

以"济世养生"为宗旨的北京同仁堂创建于清康熙八年(1669年),由于"配方独特、选料上乘、工艺精湛、疗效显著",自雍正元年(1721年)起,同仁堂正式供奉清皇官御药房用药,历经八代皇帝,长达近两百年。

老一辈创业者伴君如伴虎,不敢有丝毫懈怠,终于造就了同仁堂人在制药过程中小心谨慎、精益求精的企业精神。

在300多年的历史长河中,历代同仁堂人树立"修合无人见,存心有天知"的自律意识,确保了"同仁堂"这一金字招牌的长盛不衰。有一次当经销商在广告中擅自增加并夸大某种产品的药效时,同仁堂郑重登报予以纠正并向消费者道歉。

同仁堂品牌作为中国第一个驰名商标,享誉海外。目前,同仁堂商标已经受到国际组织的保护,在世界50多个国家和地区办理了注册登记手续,成为拥有境内、境外两家上市公司的国际知名企业,企业实现了良性循环。

3.1 职业道德的内涵

(1)所谓职业道德,就是同人们的职业活动紧密联系的符合职业特点所要求的道德准则、道德情操与道德品质的总和,它既是对本职人员在职业活动中行为的要求,同时又是职业对社会所负的道德责任与义务。

(2)职业道德是社会上占主导地位的道德或阶级道德在职业生活中的具体体现,是人们在履行本职工作中所遵循的行为准则和规范的总和。

(3)职业道德,是指从事一定职业的人在职业生活中应当遵循的具有职业特征的道德要求和行为准则。

职业道德是一个庞大的道德体系,不同的职业中有不同的职业道德,我们将职业道德区分为两个层面,即基础层面的职业道德和具体层面的职业道德。其中:

(1)基础层面的职业道德是一定社会职业道德原则及其规范的抽象,是对各种职业道德的共性的概括。

（2）具体层面的职业道德又称行业职业道德,它是以社会一般职业道德为依据,着重体现本行业或本职业特殊要求的职业道德。

二者是一般和特殊的关系,或者说是整体与个别的关系。

3.2　职业道德的特征

（1）职业道德具有适用范围的有限性。

从基础层面来看,职业道德调节的范围仅限于参加工作的从业人员的行为。

从具体层面来看,每种职业都担负着一种特定的职业责任和职业义务,它仅限于调节特定的职业或行业中的从业人员。由于各种职业的职业责任和义务不同,从而形成各自特定的职业道德的具体规范。

（2）职业道德具有发展的历史继承性。

这种历史继承性主要表现为某一职业特有的、世代相袭的道德心理、道德习惯和行为特质。其通常还体现为不同职业的从业人员在道德风貌上的明显差异。如"有教无类""学而不厌,诲人不倦",从古至今始终是教师的职业道德。

（3）职业道德表达形式多种多样。

由于各种职业道德的要求都较为具体、细致,因此其表达形式多种多样。比如规章制度、工作守则、奖惩条例,等等。这些形式独立或者交叉使用,具有极强的针对性。

（4）职业道德兼有强烈的纪律性。

纪律也是一种行为规范,但它是介于法律和道德之间的一种特殊的规范。它既要求人们能自觉遵守,又带有一定的强制性。就前者而言,它具有道德色彩;就后者而言,又带有一定的法律的色彩。就是说,一方面遵守纪律是一种美德,另一方面,遵守纪律又带有强制性,具有法令的要求。例如,工人必须执行操作规程和安全规定;军人要有严明的纪律,等等。因此,职业道德有时又以制度、章程、条例的形式表达,让从业人员认识到职业道德又具有纪律的规范性。

3.3　职业道德的构成要素

1）职业理想

职业理想是人们在职业上依据社会要求和个人条件,借想象而确立的奋斗目标,即个人渴望达到的职业境界。它是人们实现个人生活理想、道德理想和社会理想的手段,并受社会理想的制约。职业理想也是社会理想在职业选择和职业实践中的一种具体体现。

职业理想具有明显的个性。职业理想一方面受社会理想的指导和制约,另一方面取决于实践者的主观能动性,也就是我们常说的事在人为。

2）职业态度

职业态度是指个人职业选择的态度,包括选择方法、工作取向、独立决策能力与选择过程的观念,简而言之,职业态度就是指个人对职业选择所持的观念和态度。职业态度是从业人员承担职业责任的基础。

职业态度要求从业人员做到:

（1）端正劳动态度。

（2）踏实认真的态度。

3）职业责任

职业责任是从业者对自己的职业集体和社会必须承担的特定的职责和义务。职业责任通常是以法律或者行政制度来规范实施,具有强制性。

承担职业责任是对从业人员的基本要求,也是执业活动得以进行的基本前提。

4）职业技能

职业技能是从业者在从业活动中所表现出的具体的业务能力。职业技能从根本上来说是职业道德的载体和表现手段。

5）职业纪律

职业纪律是劳动者在从业过程中必须遵守的从业规则和程序,它是保证劳动者执行职务、履行职责、完成自己承担的工作任务的行为规则。

职业纪律具有职业性、安全性、自律性和制约性。执行职业纪律可以维护正常的安全生产和工作程序,保证社会主义劳动生产顺利有序地进行,促进经济发展;促使劳动者安全规范地行使自己的劳动权利,提高劳动效率,进而提高单位的工作绩效;提升单位科学管理水平,促进企业内部管理的制度化;有利于企业文化的形成,提高其精神文明建设水平。

6）职业良心

所谓职业良心,是指从业人员在履行对他人和社会的职业义务的道德责任感和自我评价能力,是个人道德认识、道德情感、道德意志、道德信念、道德行为的统一。

职业良心在行为进行中还起着监督作用。对于符合职业道德要求的情感、意志、信念以及行为方式和手段,职业良心给以鼓励;对于不符合职业道德要求的情绪、欲念或冲动等,职业良心给以纠正和克服。特别是在行为过程中,出现认识错误、清淤干扰、方式和手段的不适当,职业良心便能纠正自己的自私欲念和偏颇感情,改变其行为的方向或方式,避免不良后果。这就是人们常说的"良心发现"。

7）职业荣誉

职业荣誉是指一定的社会或集团对人们履行社会义务的道德行为的肯定和褒奖,是特定人从特定组织获得的专门性和定性化的积极评价,作为从事本职业的个人因意识到这种肯定和褒奖所产生的道德情感。

职业荣誉最重要的不在于社会的褒奖,而主要是在于从业人员对自己的职业活动所产生的社会价值的自我确认和自我激励。

8）职业作风

职业作风是从业人员在职业实践中表现出来的习以为常的行为特色。

3.4 职业道德的社会作用

职业道德是社会道德体系的重要组成部分,它一方面具有社会道德的一般作用,另一方面它又具有自身的特殊作用,具体表现在:

（1）调节职业交往中从业人员内部以及从业人员与服务对象间的关系。

职业道德的基本职能是调节职能。它一方面可以调节从业人员内部的关系,即运用职业道德规范约束职业内部人员的行为,促进职业内部人员的团结与合作。如职业道德规范要求各行各业的从业人员,都要团结、互助、爱岗、敬业、齐心协力地为发展本行业、本职业服务。另一方面,职业道德又可以调节从业人员和服务对象之间的关系。如职业道德规定了制造产品的工人要怎样对用户负责;营销人员怎样对顾客负责;医生怎样对病人负责;教师怎样对学生负责,等等。

(2)有助于维护和提高本行业的信誉。

一个行业、一个企业的信誉,也就是它们的形象、信用和声誉,是指企业及其产品与服务在社会公众中的信任程度,提高企业的信誉主要靠产品的质量和服务质量,而从业人员职业道德水平高是产品质量和服务质量的有效保证。若从业人员职业道德水平不高,很难生产出优质的产品和提供优质的服务。

(3)促进本行业的发展。

行业、企业的发展有赖于高的经济效益,而高的经济效益源于高的员工素质。员工素质主要包含知识、能力、责任心三个方面,其中责任心是最重要的。而职业道德水平高的从业人员其责任心是极强的,因此,职业道德能促进本行业的发展。

(4)有助于提高全社会的道德水平。

职业道德是整个社会道德的主要内容。职业道德一方面涉及每个从业者如何对待职业,如何对待工作,同时也是一个从业人员的生活态度、价值观念的表现;是一个人的道德意识,道德行为发展的成熟阶段,具有较强的稳定性和连续性。另一方面,职业道德也是一个职业集体,甚至一个行业全体人员的行为表现,如果每个行业,每个职业集体都具备优良的道德,对整个社会道德水平的提高肯定会发挥重要作用。

任务4 认识市场经济对职业道德的影响

社会主义市场经济对职业道德的正面影响:

(1)市场经济是一种自主经济。它激励人们最大限度地发挥自主性,从而增强了人们的自主性道德观念;

(2)市场经济是一种竞争经济。它激励人们积极进取,从而增强了人们的竞争道德观念;

(3)市场经济是一种经济利益导向的经济。要求人们义利并重,从而增强了人们义利并重的道德观念;

(4)市场经济是重视科技的经济。它要求人们不断更新知识,从而增强了人们学习创新的道德观念。

在市场经济条件下,职业道德面临的矛盾冲突:

(1)企业目标和社会总体目标的矛盾冲突。在市场经济体系中,企业追求的目标是获得最大利润。而任何社会的总目标都是通过经济、社会、文化、思想、教育等各方面协调发展来实现的。由于市场经济条件下,是以创造最大利润为主要目标开展各种活动的,使人们的价值取向从过去的集体利益、整体利益变成本位利益、局部利益、个人利益,道德的基本原则——集体主义原则和大公无私的价值观受到严重冲击,反映在职业道德中则是企业追求本身的经济效益与社会整体共同协调发展目标相冲突。因此需要通过各种教育手段和方法使人们认识到,任何企业和个人都生存于整个社会环境中,不可能脱离整体社会而独立存在。国家利益、集体利益原则仍然是最根本的道德原则,每个从业人员应该遵循集体主义原则。

(2)经济利益优先原则与公平原则的矛盾冲突。市场经济主张经济利益为优先考虑因素,即效益优先原则,其结果是部分地牺牲了伦理道德的公平原则。公平原则是集体主义的一项内容,主张集体每位成员公平地享有各种利益、权利、责任、义务。但在市场经济条件下,人们往往在追求个体的或局部的经济利益的同时,破坏了集体其他成员或社会其他成员的权利或利益。这是市场经济给职业道德带来的另一重大冲击,这就要求每一从业人员树立整体利益意识和公平意识,在优先考虑经济利益的同时,要兼顾公平原则。

(3)以经济利益为标准的优胜劣汰和以善恶为标准的职业道德的矛盾冲突。市场经济有一条重要原则,就是竞争原则,即优胜劣汰,优劣的标准是经济利益。而在职业道德规范中是以集体主义为核心的善恶标准来判断优劣的。企业或个人往往为了达到竞争取胜的目的,采取一切可能的手段,而这些手段是否道德、公平、合法,似乎就变得不那么重要了。这种以经济利益为目的的竞争往往为各种不道德的竞争手段提供了动力。加之法制的不健全,也为各种不道德的竞争行为提供了滋生的土壤。许多行业不正之风的出现,其实质就是各行各业在经济利益的驱使下,违背职业道德的行为。这就要求在市场经济条件下更加重视职业道德教育,使人们认识到除了经济标准之外还存在善恶标准。

(4)经济主体和道德主体不重合造成的矛盾冲突。在市场经济条件下,国家和个人的主体性或减弱,或消失,能够创造经济利益的企业成为社会主体,因此,社会主要的经济活动大都围绕企业进行。而道德或职业道德必须以人为主体,在市场经济条件下由于人的社会主体性削弱,造成作为道德主体的人,忽视或放弃自己的道德责任,导致社会整体道德和职业道德的淡化或滑坡,这是市场经济给职业道德教育带来的另一个新的矛盾冲突。这就要求进一步加强职业道德的责任感,强化道德主体意识。

个性是一个人的整体精神面貌,即具有一定倾向性的心理特征的总和。职业个性是指人们在长期特定的职业生活中所形成的与职业相联系的、稳定的心理特征。职业个性分为传统、艺术、现实主义、社会、创新及调查研究六个类型。要想更好地把握个性在职业选择中的重要意义,既要充分理解个性中需要、兴趣、气质、性格和能力这五项内容与职业的关系。需要,指对事物的欲望或要求,即个体对内外环境的客观需求在脑中的反映,它是推动人活动的动机,职业选择中,需要决定了人最初的选择方向;兴趣是个体以特定的事物、活动及人为对象,所产生的积极的和带有倾向性、选择性的态度和情绪,兴趣表达了人们在需要之后对工作选择的趋向性,当从事与兴趣相符的职业时,人容易投入更多精力并且孜孜不倦;气质是指心理活动在强度、速度、灵活性及指向性上的典型而稳定的个性心理特征,人们需要或喜欢某项工作,不代表就能够做好这项工作,气质体现出人们在工作中的形态;性格是个性心理特征的核心,它是个人在长期生活实践和环境因素作用下,形成比较稳定的心理特征,而放到职业中,性格决定了一个人的行事态度和方式;能力是个人顺利完成某种活动所需要的并直接影响活动效率的个性心理特征,是一个人能否进入职业的先决条件,是能否胜任职业工作的主观条件,能力很大程度上决定了人在工作中的表现和成绩。

所谓职业道德,就是同人们的职业活动紧密联系的符合职业特点所要求的道德准则、道德情操与道德品质的总和。职业道德分为基础层面的职业道德和具体层面的职业道德。基础层面的职业道德是对职业道德共性的概括;具体层面的职业道德是以社会一般职业道德为依据,着重体现本行业或本职业特殊要求的职业道德。职业道德的特征:职业道德具有适用范围的有限性;职业道德具有发展的历史继承性;职业道德表达形式多种多样;职业道德兼有强烈的纪律性。职业道德有职业理想、职业态度、职业责任、职业技能、职业纪律、职业良心、职业荣誉以及职业作风这八个构成要素。职业道德的作用表现在调节职业交往中从业人员内部以及从业人员与服务对象间的关系;有助于维护和提高本行业的信誉;促进本行业的发展及有助于提高全社会的道德水平四个方面。

项目小结

道德,就是一定社会、一定阶级向人们提出的处理人和人之间、个人和社会、个人与自然之间各种关系的一种特殊的行为规范。

职业道德,就是同人们的职业活动紧密联系的符合职业特点所要求的道德准则、道德情操与道德品质的总和,它既是对本职人员在职业活动中行为的要求,同时又是职业对社会所负的道德责任与义务。

思考和训练

1. 什么是职业个性?
2. 简述六种职业个性的特征。
3. 简述基础层面职业道德与具体层面职业道德的关系。
4. 简述职业道德的特征。
5. 简述市场经济对职业道德的正面影响。

项目 2

职业道德与企业文化

任务 1　学习职业道德、企业道德和企业文化概说

1.1　职业道德

职业道德就是指从事一定职业的人,在职业活动中所应遵行的与其职业活动紧密联系的职业道德原则和规范的总称。它规定了从业人员在职业活动中的行为要求,同时又体现了本行业对社会所承担的道德责任和道德义务。由于人们从事的职业不同,各行各业,在不同的职业活动中有着各自不同的职业关系、不同的职业利益、不同的职业义务、不同的职业活动范围和方式,从而形成了不同的职业行为规范和道德要求。每一个从业人员,在其职业活动中,都应该自觉遵守和履行自己的责任和义务,建立职业活动过程中正常的秩序,使社会经济得以健康发展。

人类社会生产力发展引发了社会大分工,成为职业道德产生及发展的客观基础,继而经历了原始社会、奴隶社会、封建社会和资本主义社会四个阶段的历史演变。

职业道德在原始社会末期萌芽,形成于奴隶社会,在封建社会和资本主义社会得以发展。到如今,特别是在社会主义制度下,职业道德随着公有制经济的建立,又得到一个全新的发展。以中国而论,已经形成了一个相对独立的职业道德体系。

职业道德是道德的重要组成部分,同职业紧密相连,具有自己鲜明的特征和特点。

首先职业道德区别于一般道德的最显著特征是其具有行业性。有多少不同的行业就有多少种不同的职业道德。职业道德往往都是与职业的行业特点结合在一起。

职业道德具有广泛性。所谓广泛性是指职业道德不只是对某些职业提出的个别要求,而是对所有从业人员提出的要求。它是对所有不同职业的从业人员而言的。

职业道德具有范围上的有限性。任何职业道德适用的范围都是特定的、有限的,而不是普遍的。一方面职业道德只适用于走上社会职业岗位的成年人;另一方面,不同行业的职业道德更适用从事该行业的人员。

职业道德具有实用性。实用性是指职业道德要与职业岗位的特点相适应,从本行业的要求出发,从中分析提炼出十分明确具体的道德准则,用来规范和约束本职业的从业人员。

职业道德的内容具有一定的稳定性和连续性。职业的分工相对是稳定的,那么与其相适应的职业道德也就有了较强的稳定性和连续性。

职业道德还有一个鲜明特点是时代性。随社会的发展,某些行业会消失,某些新兴行业又不断地涌现,职业也是在不断地变迁之中,因而职业道德也会出现变化;而且即使同一职业在不同的时代由于经济发展的不同也会表现出不同的特点。

案 例

一个中国留学生在日本东京一家餐馆打工,老板要求洗盘子时要刷6遍。一开始他还能按照要求去做,刷着刷着,发现少刷一遍也挺干净,于是就只刷5遍;后来,发现再少刷一遍还是挺干净,于是就又减少了一遍,只刷4遍,并暗中留意另一个打工的日本人,发现他还是老老实实地刷6遍,速度自然要比自己慢许多,便出于"好心",悄悄地告诉那个日本人说,可以少刷一遍,看不出来的。谁知那个日本人一听,竟惊讶地说:"规定要刷6遍,就该刷6遍,怎么能少刷一遍呢?"

如果你是老板,你希望用哪种心态的员工?

1.2 企业道德

企业道德是企业及其员工在生产经营活动中对共同道德标准统一的认可并遵循的行为规范的总和。是在企业这一特定的社会经济组织中,依靠社会舆论、传统习惯、个人理想和内心信念来维持的,以善恶作为评价标推的道德原则、道德规范和道德活动的总和。按照道德活动主体的不同,可分为企业的组织道德和员工个人的职业道德。

企业是承担各种权利和义务的道德实体。企业的行为必须要对社会负责,也就是企业的行为要考虑到对社会的影响,要顾及到消费者和其他社会成员的权利。社会在发展,人们的消费水平和消费观念也在发生改变,对企业的要求会越来越高,只靠优良的产品和服务已不能完全满足人们的需求和期望,这时就希望企业要能自主的承担一定的社会责任。企业必须要通过加强道德建设,修炼内功,提高自身层次,这样才能适应环境变化,把握住市场竞争的主动权。在全球各大企业中,对企业道德建设和实施都非常重视,除了引进先进的技术、加强严格的管理、提倡旺盛的创新意识、培育崭新的人才观念外,无一例外,都拥有企业自身所倡导的道德行为规范。

企业道德具有以下几个方面的特征性。

首先,企业道德具有群体性。企业道德属于一种群体道德,企业道德约束的对象是企业的全体员工,这样一个群体的自我约束越健全,其道德形象就越完美。只有这个群体的总体道德水平高,我们才能说企业道德高。

第二,企业道德具有功利性。企业道德具有功利性是由企业本身的性质决定的,企业是以盈利作为基本目的。而企业道德被企业及社会等各方面看重,在很大程度上是因为企业在不断的完善企业道德中,能够直接或间接的给企业带来利益和发展,企业道德不仅是企业的责任,更是企业增强竞争力的武器之一。

第三,企业道德具有实践性。企业的任何生产经营活动都是具体的行为,企业道德就蕴藏在企业一切生产经营活动之中,通过具体的实践体现出来,这就决定企业道德具有实践性的特点。

第四,企业道德具有继承性和时代性。企业道德不是无本之木,它不是某个企业想当然创造出来的,而是在继承历史上有关经济活动方面的道德因素的基础上产生的,所以它具有继承性的特点。而一个企业的企业道德产生和建立之后并不是一成不变的,随着时间的推移,随着社会经济的发展必然要进行调整、有所改变,这也就是企业道德所具有的时代性的特征。

企业的最终目的是在满足消费者需求的同时追求利润的最大化,而作为社会的一分子,企业存在于一定的社会关系中,这些关系包括企业与内部雇员、所有者、经营者的关系,企业与外部消费者、供应商、银行、政府、社区的关系,等等。企业与它们之间都有一定的利益关系,彼此间是属于利益相关者,协调好与它们之间的利益关系,是企业生存发展的基础和动力。这是一个利益群体,企业与利益相关者之间既有着法律的权利、利益关系,又有道德的责任和义务关系。企业要想获得良好的生存和发展空间,就必须对相关利益群体负责,同利益相关者保持良好的合作关系,彼此互利互惠共同发展。这是企业道德责任的必然性。

当今社会由于经济的发展,分工与合作成为企业不可或缺的一部分,各个利益群体相互之间结合形成一个联系紧密、相互依赖的网络,每个企业都只是这个网络中的一个结,每个结都代表一些利益群体,连接企业与这些群体间利益关系的是各种正式契约以及非正式契约。而任何契约、法规或者规范都是在某种特定条件下,利益双方根据对当时状况认识、判断做出的规定,在某种意义上说都是不完全的。而对于因契约的不完全性引起问题,解决的最好方式是依靠企业道德自律,加强诚信观念和责任意识。这是企业道德责任的必要性。

在企业的生产经营过程中,企业需要制度建设和道德建设共同发展。通过制度的强制性和严格性对员工在生产经营活动中的行为进行约束。但仅有制度的约束是不够的,制度的钢性会导致企业的发展畸形,为此,必须加强企业道德建设,通过加强企业道德建设提高员工的个人道德素质。通过企业道德的柔性,来调节不同成员在企业活动中的非正式关系,影响员工的行为,使其在企业制度触及不到的地方发挥作用。用来弥补制度控制的不足,提高控制的有效性。

 案 例

2009年三鹿事件发生,全国数以万计的儿童因食用含三聚氰胺的奶粉患上肾结石需要接受治疗。据调查,全国22家乳制品企业采用了三聚氰胺的配方。中国和外国专家都认为,这个丑闻暴露的不仅仅是日常监管的问题。批评人士指出,单纯靠国家管制不可能阻止更多的食品丑闻。相反,他们表示,这指向了中国社会现实的弊病,在中国,私人利益往往被一些利欲熏心的人放在了公众利益的前面,企业的道德正在缺失。

1.3　企业文化

企业文化是企业在长期的生产经营过程中,逐步形成的,为企业全体员工所认同并遵守的、带有本组织特点的基本信念、价值标准、经营理念以及这些理念在经营实践、管理、行为方式与企业对外形象体现中的总称。

企业文化产生于 20 世纪 70 年代末 80 年代初,是美国在对日本企业迅速发展的原因进行分析研究后,吸收了日本企业的管理经验,首先提出来的企业管理的新的理念。

企业文化是一个企业的灵魂,是推动企业不断发展的动力。其中包含了价值理念、企业精神、经营哲学、企业道德、企业制度、团体意识、企业形象等内容,其核心是企业精神和价值理念。

企业文化始终贯穿于企业生产经营过程中,对发挥企业员工的积极性、主动性和创造性,对企业的发展,对社会的进步都具有以下几种重要的功能:自律功能、导向功能、整合功能以及激励功能。

自律功能。指的是每个企业在追求利润最大化的生产经营过程中,会给企业、个人和社会带来一定的利益,但同时可能也会带来一定的危害。比如过量开采导致的生态平衡的破坏、环境污染,假冒伪劣产品,甚至不顾生产安全导致的职工人身伤害,等等。如果一个企业有着良好的企业文化,它就会有一个良好的自律意识,负起对社会的责任,不会做出危害社会、企业及个人的行为。

导向功能。指的是企业作为社会的一个部分,企业的各方面都和社会的各方面相互作用、相互影响,企业文化中的价值理念、企业精神、经营哲学、企业道德、企业制度、团体意识等都会无形中地通过企业的整个经营过程传递、辐射到社会的各方面,对社会起到引导的作用。

整合功能。指的是随着经济的发展,全球经济逐步开始一体化,很多企业的经营也开始国际化,企业的规模不断扩大,规模的扩大导致企业内部变得更为复杂,部门交错、人员众多,各个地区、各个部门的员工的价值观念、思维方式、行为习惯各不相同,这时就需要有一种力量能够整合、凝聚起所有的员工,减少矛盾和冲突的发生。企业文化就具有这样的整合及凝聚力,它可以加强员工的集体归属感及责任感,从而加强企业的整体实力。

激励功能。马斯洛需求层次理论把人的需求分为生理需求、安全需求、社交需求、尊重需求和自我实现需求。金钱激励只能满足员工的最基本的需求,随着社会经济的发展,人们更为渴望获得较高层次的需求。通过企业文化中良好的价值理念、企业精神、经营哲学、企业道德、企业制度、团体意识,可以让员工获得良好的愿景,获得高层次的需求,从而有效的激发员工的主动性、积极性和创造性。

企业文化一般分为三个层次。

(1)精神层(内隐层次):包括了企业的价值观、企业精神、企业的职业道德、企业的目标及企业的作风。其中企业的价值观是重中之重,是最为重要的部分。这是企业文化的核心和主体。

(2)制度层(中间层次):包括企业的一般制度(所有企业共有的制度,如岗位责任制、厂长负责制等)和企业的一些特殊制度(各企业的一些规章制度等)。这是企业制订的一些行为规范,用来约束企业成员在企业中的行为,保证企业经营活动的正常秩序。

(3)器物层(外显层次):包括了企业外显出来的一些东西,厂标、厂旗、厂服、厂容厂貌、产品样式及包装、建筑风格、设备特色以及纪念物等,指的是企业文化在物质层面上的体现。器物层是企业价值的一个物质载体。

对应企业文化三个层次表现出来的企业形象同样包括了三个层次。

(1)理念识别(MI):对应于企业文化中的精神层,包括企业的企业的价值观、企业精神、企业的职业道德、企业的目标及企业的作风,是企业形象中最根本、最重要的部分。

(2)行为识别(BI):对应于企业文化中的制度层,包含了企业的各方面管理、企业的环境气氛、企业的风俗礼仪,企业对外的公共关系活动、企业的服务态度和技巧、企业对外进行的市场调查、产品推广等。

(3)视觉识别(VI):对应企业文化中的器物层,包括了企业的名称、标志、企业的精神标语、企业手册、企业的标准字和标准色,具体到企业产品的包装、招牌和旗帜,企业统一的制服、办公用品,企业的建筑风格,企业的厂容厂貌,企业的纪念品,企业的广告,等等。

企业文化表面上看起来不能直接为企业创造价值,但一个企业如果没有良好的企业文化,这个企业也就没有长久的生命力,早晚就会被市场淘汰。当今,企业文化作为企业生存与发展所必需的管理方式已经被社会和企业所认可。国际上的大部分知名企业,像索尼、三星、麦当劳、英特尔、IBM 等企业无不是以企业文化作为管理核心的。而国内的许多企业,特别是发展得较好的一些知名企业,比如海尔、蒙牛、中国移动、联想、华为等企业同样也都先后成功地运用了这一管理手段,使企业获得了发展,不断地进步。

 案 例

松下电器公司是全世界有名的电器公司,松下幸之助是该公司的创办人和领导人。松下是日本第一家用文字明确表达企业精神和价值观的企业。松下精神,是松下及其公司获得成功的重要因素。

松下电器公司首先于 1933 年 7 月,制订并颁布了"五条精神",其后在 1937 年又议定附加了两条,形成了松下七条精神:产业报国的精神、光明正大的精神、团结一致的精神、奋斗向上的精神、礼仪谦让的精神、适应形势的精神、感恩报德的精神。

松下精神,作为使设备、技术、结构和制度运转起来的科学研究的因素,在松下公司的成长中形成,并不断得到培育强化,它是一种内在的力量,是松下公司的精神支柱,它具有强大的凝聚力、导向力、感染力和影响力,它是松下公司成功的重要因素。

1.4 职业道德、企业道德和企业文化的相互关系

(1)职业道德建设是企业道德建设的主要途径和推动力;企业道德建设能够有力地推动职业道德建设,不断提高企业员工的职业道德水平。

(2)企业道德是企业文化的重要内容;企业道德建设是企业文化建设的先决条件;企业道

德是企业文化的基石;企业文化建设有利于明确企业的责、权、利;企业文化建设有利于企业树立正确的义利观;企业文化必须为企业市场经济活动进行道德论证;诚实守信是企业文化的基础,也是企业道德的底线;企业文化建设依赖于企业道德的培育工作,企业道德的培育工作也必须必依赖于企业文化的辐射功能。

(3)在企业文化结构的每个层面都含有职业道德的因素,并发挥着重要的作用;职业道德和企业文化相互联系,共同推动企业的发展和社会精神文明的进步。

任务 2　认识职业道德和企业道德联系

2.1　企业道德建设能够积极地推动职业道德建设, 为良好的员工职业道德的形成提供有力的支持

从广义上来说,企业中的道德范畴包含了企业的社会道德与员工的职业道德两个层面。

企业的社会道德又与社会责任稍有不同,称为企业伦理道德,企业的社会责任主要是企业对外、对社会所要承担的责任,而企业伦理道德关注的是企业内部的关系,如何在企业内部更加具有人性化和社会性。一个有道德的企业,对外积极自律,不给社会制造负担,而是争取多做对社会有益的行动。在企业内部,尊重人权,任何的管理措施的制定及完善都是以人为本。有着这样企业道德的企业,必然受到员工和社会两方面的欢迎。

所有的企业希望的都是企业员工能与企业同心同德,积极奉献,不做损害企业的行为。然而很多企业却在对待员工方面,没有考虑到自身是否合乎了社会道德。于是就出现了"血汗工厂""职业病官司""欠薪事件""闪电裁员"及"过劳死"等诸多的事件。很多企业常常用这样一种双重标准来对待职业道德:一方面,在对外、对内的诸多问题上采取欺骗的行为;而另一方面,又要求员工具备良好的职业道德操守。调查发现,对员工职业道德抱怨越多的企业,在企业的道德建设上越需要得到完善健全。

面对社会上存在的对金钱和个人利益等价值取向的倾向,传统的集体利益、奉献、道义、重德等观念的地位在下降。没有人能保证绝对地不受诱惑,要把职业道德的建立与坚守完全寄托在每个企业员工自己的身上,寄希望于他们自身高尚的道德和良好的个人操守上,这一点是任何一个企业也无法期望达到的。

企业道德作为企业成员群体的组织道德可以通过其具有的内聚自约功能、均衡调节功能、导向激励功能,对企业成员的道德品质产生重要的影响。

企业在自身整个经营过程当中通过各方面的决策和表现潜移默化地向员工灌输着企业的道德准则,当这种道德准则被员工普遍认同并转化为个人意愿后,会在企业内部自发形成一种以企业道德为核心的凝聚力,使得企业员工从企业整体利益出发而不是仅从个人利益出发思考问题,这个过程中职工的职业道德无形中也得到了提高。企业道德影响员工的这种行为是一种春风化雨、润物无声的过程。

企业道德建设如何开展,如何获得成效,这是一个长期而艰苦的过程。要在企业内部加强关于企业道德教育,采取一些必要的形式,通过做报告、进行专门的培训、通过广播、厂报宣传

以及座谈等各种形式,灌输给企业员工有关企业道德的基本原理、基本规范、基本内容,引导员工充分认识到企业道德产生的必然性,以及企业道德存在的必要性,认识到企业道德的建设可以使得企业增强竞争力,让企业的员工可以自觉地投身到企业道德建设中。在加强教育的同时,要认真抓好企业道德评价。企业内部,表扬和宣传那些具有优秀道德品质员工的模范行为和事迹,批评和惩罚那些违背企业道德和准则的不良行为。外部则积极主动收集各种批评及表扬的意见,及时监督和调整企业及其员工的行为。把企业道德教育、思想政治教育和社会公德教育相互结合。企业采取主动的方式,从内而外地以实际行动为员工提供一个良好的道德环境,营造一种良好的高层次的道德氛围,建立一个积极向上的企业道德信念。在通过企业道德建设的过程中实现企业员工的自我教育和自我提升的过程,推动职业道德的建设。

2.2　职业道德建设是企业道德建设的主要途径和推动力

（1）企业加强员工的职业道德建设,使员工坚定为人民服务和集体主义的观念,有助于企业建立服务人民、服务社会的良好的企业道德。

全心全意为人民服务是社会主义职业道德的核心。人民群众既是物质财富的创造者,又是精神财富的创造者。作为财富的创造者,理应成为享有财富的主人,接受优良的服务。同时,社会主义的生产目的是为了不断满足人民群众日益增长的物质和文化生活的需求,因此,把为人民服务作为社会主义职业道德的核心,集中体现了社会主义职业到道德的根本要求。在社会主义市场经济条件下,全心全意为人民服务,一是体现在发展市场经济造福于人民,把"三个有利于"作为基本的价值尺度;二是正确处理市场经济条件下各种复杂的利益关系,以人民群众的共同富裕为目标;三是保障和落实人民群众在市场经济条件下的主人翁地位,确认人民群众是市场活动的主体。

集体主义是社会主义职业道德的基本原则。它要求正确处理国家、集体、个人三者之间的利益关系,坚持国家利益高于集体利益与个人利益,坚持反对各种形式的利己主义,坚持保护个人的正当权益。社会主义条件下,国家利益、集体利益与个人利益在根本上是一致的。集体主义原则强调国家利益高于一切,同时也承认保障个人的正当利益。在职业活动中,既不能片面强调国家、集体利益而忽视个人正当利益,也不能片面强调个人利益或小团体利益而不顾国家、集体利益。只有把两者很好地结合起来,才能保障集体利益,促进经济建设的发展,才能维护个人利益,充分发挥个人的积极性和主动精神。在社会主义市场经济条件下,集体主义的基本原则体现在尊重人、关心人、热爱集体,热爱公益,扶贫帮困,为人民、为社会多做好事,反对和抵制拜金主义、享乐主义和个人主义之上。在经济活动中,鼓励人们通过合法经营和诚实劳动获取正当的经济利益,做到对社会负责,对人民负责,反对小团体主义、本体主义,反对损公肥私、损人利己。

（2）企业加强员工的职业道德建设,使员工不断提高社会主义基本职业道德的修养水平,有助于不断提高企业员工的职业道德水平,进而有助于为企业营造一个良好的企业道德氛围。

爱岗敬业是社会主义职业道德的基本要求,是每个从业者是否有职业道德的首要标志。爱岗敬业就是要求人们热爱自己的本职工作,用一种恭敬严肃的态度对待自己的工作。爱岗敬业要做到乐业、勤业、精业。乐业,就是喜欢自己的专业,热爱自己的本职工作。要做到这一点,首先要认识自己所从事的职业在社会生活中的作用和意义,认识自己的岗位在整个行业和整个企业中的作用和意义。勤业，就是学习专业，钻研自己的本职工作。要做到这一点，一要勤奋，二要刻苦，三要顽强。精业，就是使自己本职工作的技术、业务水平不断提高，精益求精。精业，需要有严格要求、一丝不苟的工作态度。我们今天所说的敬业，就是爱社会主义事业，并为它勤勤恳恳、认真负责地工作。

诚实守信是为人处事的基本准则，是我们中华民族的传统美德，是从业人员对社会、对人们所承担的义务和职责，是人们在职业活动中处理人与人之间关系的道德准则。诚实守信要求人们做到诚信无欺、讲究质量、信守合同。

办事公道是人民对每个从业人员的基本要求，是提高服务质量的最起码的保证。办事公道，要求我们在职业活动中，做到客观公正和照章办事。客观公正，即遇事从客观事实出发，并能做出客观公正的判断和处理。照章办事，就是按照规章制度来对待所有的当事人，不徇情枉法、不徇私枉法。

服务群众是为人民服务思想在职业活动中的目的。服务群众就是要做到热情周到，满足需要。热情周到，即从业人员对服务对象报以主动、热情、耐心的态度，把群众当作亲人，服务细致周到，勤勤恳恳。满足需要，即从业人员努力为群众提供方便、想群众之所想，急群众之所急，关心他人疾苦，主动为他人排忧解难。

奉献社会是一种无私忘我的精神，是职业道德的出发点和归宿，是每个从业者职业道德修养的最终目标。落实奉献社会的规范需要正确处理两个关系。一是个人利益和公众利益的关系，二是经济效益和社会效益的关系。

 相关阅读

近代以来的新式企业中，卢作孚的民生公司在这方面是相当成功的。它在经济上获得了巨大的成就，而且它所塑造的民生精神赢得了民生职员的巨大忠诚和拥护，企业的规章制度深入人心，经营管理高效廉洁，为世人所公认。民生精神最核心的价值在于建立"一个相互依赖、拥有共同规则和道德支持的集团生活"。民生公司在这方面的探索是非常成功的，这主要表现在它的管理制度和职工的教育等方面。

一、管理方面

首先，民生公司努力营造一种劳资合作的气氛。

其次，在民生公司的利润分配当中，充分照顾了普通工人的利益，在支出当中，工资和福利开支占去总开支很大的一部分。同时，民生公司的快速扩展，得益于它的高利润、高积累的方针。

二、职工的教育

在民生公司中，公司强调"公司的事情大家解决，大家的事情公司解决"。卢作孚非常鄙视个人主义，而强调团体意识。

民生公司的经营管理方面，一方面，它有非常严格的制度，来规范约束员工的行为；另一方面，通过奖惩和教育相结合的手段，来提高员工的技能，改造他们的精神面貌。

民生公司的管理制度极为细致严格，每项工作都有非常具体的守则和考核条目，这类规定执行也非常严格。

与此相配合的是民生公司引人注目的"全员训练"和"全面训练"。公司还规定高一级的技职人员，有培训低一级职工的责任，通过这种方式，来增加管理者和被管理者之间的感情，促使被管理者增加对管理者的尊敬和爱戴，并模仿他们的行为。

从根本的意义上来说，民生公司也正是通过这一点来解决了企业员工的职业伦理和敬业问题。通过强调他们的社会责任，赋予他们工作新的、更远大的意义，使他们感到自己投身于一个伟大的事业当中，并成为这个事业中不可缺乏的一分子。民生公司职工宿舍床单上印的标语，"作息均有人群至乐，梦寐毋忘国家大难"，就非常生动地说明了这一点。

任务3　认识企业道德和企业文化联系

优秀的企业文化是构成企业核心竞争力的重要部分，企业的道德是企业文化的重要内容，企业的道德文化是构成企业文化的核心，同时企业道德建设是企业文化建设的先决条件，也是企业文化的基石。

3.1　企业道德是企业文化的重要内容

企业文化是由企业哲学、企业价值观到企业经营、管理理念，由经营、管理理念到制度规范，由制度规范到经营、管理行为，再由经营管理行为、生产经营活动到建立企业形象的过程。企业文化贯穿于企业经营管理全过程，同时在此过程中又决定着企业经营管理活动的方向。有什么样的企业哲学和企业共同价值观，就有什么样的经营管理理念，有什么样的经营管理理念就有什么样的制度规范，有什么样的制度规范就有什么样的经营、管理行为。企业道德是优秀企业文化的标准，立足道德而树立企业文化，是建立优秀企业的首要条件。因此企业必须具有"无道德无发展"的观念。企业道德与企业的精神、价值观念、经营理念等同样地重要。

企业道德必须使得一个企业能够以诚信为本，有仁爱之心，并能齐之以礼。

"诚信乃为人之本"，企业亦如此。一个人没有信誉，不能立身处世，同样，一个企业若失去信誉，也无法得到发展。诚信的角度来看，道德管理的任务在于明确企业的价值取向，并赋予其生命力，同时营造有利环境，为符合道德规范的行为提供支持，并培养员工的共同责任感。

仁爱之心首先体现的是一种社会责任和义务。对一个企业来说，是否具有仁爱之心首先看企业是否提供优质的产品和优质服务，企业的员工能否认真作好各自的本职工作，敬业奉献，共同为提高企业的社会形象而努力。同时企业内部通过仁爱思想创造一个和谐的环境。

在企业经营过程中对外对内齐之以礼，使得对外企业有着良好的企业形象及关系，对内有着融洽的关系，有着和谐的氛围。

通过这几个方面来构筑企业道德文化，推进整个企业文化的建设。

3.2　企业道德建设是企业文化建设的先决条件

企业是一个经济组织,同时也是一种社会组织,它具有人格化的特征,就是说具有道德。

对于企业家而言,最大的道德义务就是使企业赚钱。如果企业能赚钱,就说明企业创造的价值大于企业消耗的成本,这样的企业就是对社会有益的。如果企业不能赚钱,从全社会的角度来看,维持这样一个企业就是得不偿失,浪费了社会资源。

但是,认为市场经济代表着毫无顾忌地追求私利,这是极大的误解。历史上曾经有一些企业在起步阶段做了一些不道德的事,但是社会在不断地发展,信息沟通越来越方便,互联网等新闻媒体无处不在,消费者和商家也越来越有经验,做不道德的事情越来越困难。现在的企业如果还想通过不道德的手段来恶性竞争,欺骗顾客,压榨员工,只会自讨苦吃。它们完全有可能通过管理、技术、营销上的创新来发展壮大,正大光明地赚钱。另一方面,如果商业社会真的欺诈盛行,信誉就成了稀缺的东西。根据经济学的一般规律,越是稀缺的东西越值钱,诚信的企业此时就能赚更多的钱。

在企业的社会生活中,企业道德的影响作用表现在各个方面。在政治方面,企业应遵守我国宪法和其他有关法律的规定,坚持社会主义制度和中国共产党的领导。同时在企业的生产经营过程中,不违法违纪。在经济生活领域中,遵守市场经济秩序,不制假售假、偷税骗税、欺诈、逃避债务等。在社会文化生活领域中,企业产品的生产和消费不发生不利于社会稳定和发展的行为。例如,不生产"黄、毒、赌"产品,不提供相关服务等。在生态环境生活领域中,企业产品的生产和消费,不破坏生态平衡。例如,依法控制"三废"排放,保护稀有动植物资源等等。在上述企业社会生活领域中,企业道德的作用在于,它能够以企业道德的底线为基准,对企业生产经营行为进行基本的道德自我控制,即道德自律。

3.3　企业道德是企业文化的基石

企业作为社会的组成部分,包含于社会之中。企业员工个体道德意识是一定社会道德意识、企业道德意识在个人意识中的深化,因而它总会体现出企业的道德意识。企业道德从伦理上调整着企业与社会、企业与企业、企业与职工、职工与职工之间关系的行为规范。渗透到企业的各个方面,通过评价、命令、教育、指导、示范、激励、沟通等方式对上述关系起调节作用,在一定程度上维护和调整着企业正常的经营秩序。而企业文化也正是利用以人为本的管理思想,利用道德意识来调动和发挥人的能动性、积极性和创造力。所以说,在企业文化建设中,道德建设首当其冲成为其基础的建设,成为企业文化其他建设的基石。

3.4　企业文化建设依赖于企业道德的培育, 企业道德的培育也必须依赖于企业文化的辐射功能

企业道德属于企业文化的高层次意识,只有培育良好的企业道德,才能营造良好的企业文化。关注企业道德问题,将有助于增强企业文化的辐射力。

企业道德是社会道德在企业活动中的具体体现,是企业中的所有职业道德的总和。是在

企业这一特定的社会经济组织中,依靠社会舆论、传统习惯、个人理想和内心信念来维持的,以善恶作为评价标准的道德原则、道德规范和道德活动的总和,企业道德具体规范了职工与职工之间及职工与社会之间的行为关系,是职工在履行本职工作时必须遵循的包括信念、习惯、传统诸多因素在内的道德要求。

企业道德是企业文化的衡量尺度,是企业精神及企业价值观的表现形式。作为一种特殊的文化现象,企业道德在企业文化中具有十分重要的地位。

企业道德具备企业文化的主要功能。具体表现在三个方面:

一是约束功能。很多时候,企业成员及企业本身的行为可能会发生一定的偏差,但却够不上法律与规章的制裁条件。这个时候,通过企业的道德信念却常常能起到极大的约束纠正作用。

二是调节功能。有了良好的企业道德,企业员工就会增强自我的责任感、集体荣誉感。在这种情况下,企业员工能自觉调节自己的各种行为,发挥积极主观能动性。

三是导向功能。常说榜样的力量是无穷的,通过鼓励表扬肯定先进,通过道德榜样正面的引导,会影响到一大片员工的道德观念与道德行为,进而形成良好的企业风尚。事实也证明了,借助于企业道德的导向功能进行正面教育的确是一种行之有效的方式。

由此可见,要想加强企业文化的建设,就必须注重企业道德的建设。

同时企业道德的培育依赖于企业文化的辐射功能,一个企业如果没有良好的企业文化,那么肯定也不会有良好的企业道德,一个企业文化偏激的企业道德肯定是粗俗的或偏颇的。企业道德的培育工作必须依赖于企业文化的辐射功能。

第一,企业道德的培育必须通过对员工长期的引导来进行。企业文化强调的是以人为本,讲究尊重人、理解人、关心人。企业道德培育要克服短期行为,必须创造一种竞争平等、待遇公正、畅所欲言、身心愉快的企业文化氛围,形成强烈的企业凝聚力。在这个过程中通过大力开展教育培训及文化娱乐活动,提高职工的技术素质,陶冶职工的思想情操,帮助员工树立正确的世界观、人生观、道德观。

第二,企业道德的培育需要提升员工认识。企业道德的培育具有重大意义:对内,可以影响各项工作任务的完成情况;对外,可以影响企业的产品质量、社会形象、经济效益。

第三,企业道德的培育需要调整员工心理。培育企业道德必须围绕具体的人来开展。这种做法能够有效地调整员工的心理定势,有助于增强员工的道德意识,并引导他们自觉按照企业的道德准则来调节自己的行为。

任务4　认识职业道德和企业文化联系

4.1　企业文化的每个层面都包含着职业道德

企业文化包含三个层面:精神层、制度层、器物层,在每个层面都包含有职业道德的因素,并且发挥着重要作用。

对应于企业精神层的是企业的价值观、企业精神、企业的职业道德、企业的目标及企业的作风。企业职工的人生观、价值观、世界观在企业长期的生产经营过程中逐步聚合形成企业的精神和企业的价值观。

对应于企业制度层的是企业的各方面管理、企业的环境气氛、企业的风俗礼仪,企业对外的公共关系活动、企业的服务态度和技巧、企业对外进行的市场调查、产品推广等。是企业精神层的具体化。企业职工的职业道德规范与企业的其他法规制度相互弥补,通过无形的道德氛围协调企业内部的各种关系。

对应于企业文化中的器物层的是企业的名称、标志、企业的精神标语、企业手册、企业的标准字和标准色,具体到企业产品的包装、招牌和旗帜,企业统一的制服、办公用品,企业的建筑风格,企业的厂容厂貌、企业的纪念品,企业的广告等等。企业职工通过职业道德行为体现和维护企业的这个层面。

所以说职业道德无论是作为一种观念意识或是行为规范,或是一种衡量尺度,都是企业文化中的重要因素,职业道德建设是企业文化建设的基础及核心内容。

一个企业的存在和发展必须要依靠企业文化的力量,良好的企业文化可以提升企业的凝聚力、生命力和创造力,可以提高企业员工的素质,同时促进企业经济的快速增长。而在企业文化的建设中,职业道德建设处于基础性的地位,并且成为其核心的内容。

(1)企业文化的核心、企业的价值观和企业精神必须内化到企业员工的职业道德当中,才能从抽象的理论走向实际,反之,企业员工只有具备了良好的职业道德,那么企业文化倡导的各种价值理念才能为企业员工所认同和遵循。故而企业文化的建设必须以职业道德建设为基础。

(2)企业制度文化建设,需要有企业员工具备与制度规则相适应的职业道德素质,才能保证制度的落实和完善。企业行为文化中的方式和水平直接受到企业职工道德水平的影响,良好的职业道德水平使员工勤于奉献,具有积极性、责任心,并且敢于创新,通过职业道德水平的提高,企业文化也得以提升。

(3)企业物质文化建设需要企业职业道德建设作为保障,良好的职业道德可以激发企业员工创造优秀的物质产品和美好的工作环境。

4.2 职业道德在企业文化中发挥着重要的作用

职工的职业道德是企业文化发挥作用的前提和关键,职工的职业道德在企业文化建设中发挥着三方面的重要作用。

1)加强职业道德建设,有助于个人自身事业的发展

每个人在成长中,最终都将成为社会人,成为社会的一分子,只有通过职业劳动,人们才得以不断地提高自己的经验和能力,不断地成熟和完善。在工作中学习,在学习中提高,形成自己的人生观、价值观,全面发展,成为一个具有高素质的人。

缺乏职业道德的人,不可能有成功的事业。一个人即使充满才智,但如果没有道德,没有热情,没有持之以恒和创新的精神,最终也不会获得成功。市场经济的发展必然要求讲求职业道德。而一个人想要成就事业,也离不开职业道德。

卡耐基曾经说过:"一个人在事业上的成功,只有15%是由于他的专业技术,另外的85%靠的是人际关系、处世技能。"人际关系、处世技能实际上就包含在员工的职业道德品质之中,这些能力通过学习可以得以提升。所以说要想事业有所成就,首先必须学习做好人。

事业成功的人往往都有较高的职业道德。职业道德反映在具体的职业活动中包括了职业理想、进取心、责任感、意志力、创新精神等等这些品质。而在每一个成功的人身上，都具有这些优良的品质。

2) 加强职业道德建设，有助于增强企业的凝聚力

企业是具有社会性的组织，企业外部和内部都存在各种错综复杂的关系。企业只有处理好这些关系，形成了一个良好的企业形象，才能保障企业获得成功，并得到发展。良好的企业形象必须由企业的全体员工共同塑造和维护，这其中企业道德起到了关键的作用。通过道德建设，协调好企业员工之间、企业员工和领导之间、企业员工和企业之间的各种关系，增强企业的凝聚力，团结一心，共塑企业的形象，促进企业的良好发展。

首先，职业道德是协调企业员工相互关系的法宝。企业的发展过程中，人才是关键，企业之间的竞争说到底是人才的竞争，只要有了优秀的人才就可以争取到有利于企业发展的其他各种有利条件。优秀的人才除了要具有过硬的业务素质外，还必须要有良好的职业道德，员工之间保持和谐、默契的关系，考虑事情从他人、从集体出发，从企业的整体利益出发，认真负责、严以律己、宽以待人。整个企业员工拧成一股绳，为企业的发展贡献力量。

其次，职业道德建设有利于协调职工与领导之间的关系。企业员工与领导因为在企业的位置不同，考虑问题的角度会有所不同，所以经常企业员工和领导之间很容易发生矛盾和冲突。作为员工要维护自身的合法权益和切身利益，同时作为企业的一员，也有责任有义务提高自己的职业道德，为企业的发展着想。管理者除了要关心企业的发展外，更要注重对企业员工的关怀，切实维护好企业员工的合法权益，调动员工的积极性。通过职业道德建设，协调好领导和员工的关系，双方相互尊重，和谐共处。

再者，职业道德有利于协调职工与企业之间的关系。从企业的角度出发构筑的是企业文化，职业道德建设更多的是从个人出发。企业文化和职业道德的关系包含了企业与员工之间的关系。企业文化的建设必须是以人为本的，这就决定了企业在建设企业文化的时候，要充分尊重企业员工，考虑员工的各个方面，在企业内部形成广大员工认可和接受的观念、意识、道德标准和行为规范。提高员工的职业道德，让员工把企业利益和个人利益融合在一起，自觉地维护企业形象和企业利益，最终推动企业和个人共同发展。

3) 加强职业道德建设，有助于提高企业的竞争力

随着全球经济的一体化，企业的竞争由国内竞争走向国际竞争。企业要提高竞争力，就必须从各个方面提升自己，除了提高产品的服务质量、不断革新工艺，改进设备，降低成本，提高劳动生产率，开发新产品等，还必须不断完善企业形象，创造提高企业的品牌。而这些在很大程度上必须依赖企业职工职业道德觉悟的提高。

4.3 职业道德和企业文化相互联系，
共同推动企业的发展和社会精神文明的进步

企业文化是企业在长期的生产经营过程中逐步形成的，为企业全体员工所认同并遵守的、带有本组织特点的基本信念、价值标准、经营理念以及这些理念在经营实践、管理、行为方式与企业对外形象体现的总和。职业道德则是指员工在职业活动中所应遵行的与其职业活动紧密联系的职业道德原则和规范。

通过职业道德的建设,可以让员工成为"有理想、有道德、有文化、有纪律"的人才。把职业道德建设纳入企业文化建设,职业道德就不再只是一个道德概念,而是归属到企业文化"以人为本"的范畴,从一个更高的角度来塑造提高人;同时职业道德作为企业精神的一个因素,和企业其他各方面共同铸造一个完善的、人格化的企业精神。

企业文化建设是从企业的整体出发,而职业道德建设则更多的是从个人出发。现代企业文化的本质特征是"以人为本",所以说,企业文化与职业道德的关系问题就是企业与个人的关系问题。企业全面开展职业道德建设和企业文化建设,是既相通又兼容的一个整体。

职业道德虽然存在于不同的企业之中,但是都是属于社会道德的一部分,通过培养公正、公平、忠于职守等社会责任感,在企业形成良好的道德氛围,进而促进了社会良好道德风尚的形成。现代企业文化强调的是与人为本、强调的是把企业的利益和社会的利益融合统一在一起,在追求企业效益的同时,获得良好的社会效益,进而使得企业得到一个良性的发展。把职业道德建设纳入企业文化建设,职业道德与企业文化的各种要素结合在一起,共同推进良好社会道德风尚的形成,以优秀的企业精神、职业道德、经营哲学、管理思想、价值准则、审美意识等影响社会,促进社会精神文明的进步与发展。

 相关阅读

惠普之道

全球最受人仰慕的公司之一惠普公司,以对人的重视、尊重和信任而闻名于世。持之以恒地奉行以人为本的管理之道受到人们的推崇:

惠普公司对员工尊重和信任的最突出表现,是灵活的上班时间。根据惠普公司的做法,个人可以上午很早来上班,或是上午9点来上班,然后在干完了规定的工时后离去。这样做是为了让员工能按自己个人生活需要来调整工作时间,体现了对员工的充分信任。

开放实验室备用品库也清楚地表明了公司对员工的信任。实验室备用品库就是存放电器和机械零件的地方。开放政策就是说,工程师们不但在工作中可以随意取用,而且在实际上还鼓励他们拿回自己家里去供个人使用。惠普公司的想法是,不管工程师们拿这些设备所做的事是不是跟他们手头从事的工作项目有关,反正他们无论是在工作岗位上还是在家里摆弄这些玩意时总能学到一点东西,公司因而加强了对革新的赞助。据说这一政策起源于惠普的另一个创始人比尔·休莱特先生。有一回,他在周末到一家分厂去视察,看到实验室备用品库门上了锁,他马上到修理组拿来一柄螺栓切割剪,把备用品库门上的锁剪断、扔掉。星期一早上,人们见到他留下的纸条:"请勿再锁此门。谢谢,比尔。"于是,这一政策措施就一直延续至今。

以人为本的另一个要素。例如,许多公司规定,雇员一旦离开公司,他们将没有资格得到重新雇用。多年来,惠普也有一些人因为其他地方似乎有更大的机会而离去。但是,惠普始终认为,只要他们没有为一家直接的竞争对手工作,只要他们有良好的工作表现,就欢迎他们回来。因为他们了解公司,不需要再培训,而且通常由于有了这种额外的经历而有着更愉快、更好的动机。公司的一名高级行政人员就曾因为认为他有更大的机会而离开了惠普公司，后来他回来时公司重新接受了他，而且被委以越来越多的管理职责，直至退休。

惠普公司有这样一个用人政策：我们为你提供一个永久的工作，只要你表现良好，我们就雇佣你。公司不能"用人时就雇佣，不用人时就辞退"。这是一项很有胆识的决策。1970年经济危机时，惠普公司销售收入急剧减少，惠普的这一决策受到了严峻的考验，但是他们没裁一个人，而是全体员工，包括公司高层在内，一律减薪20%，减少工作时数20%。结果，惠普公司保证了全员就业。

"惠普之道"是卓越的经营管理和以人为本的管理方式的完美结合，它为惠普带来了业绩和声誉的双丰收，可谓成功之极。惠普的企业文化注重人的因素，并且完全从员工的角度出发制定公司的规章制度、管理方式，这是它成功的关键。

 相关阅读

海尔文化自探

海尔文化分三个层次：

如果我们画三个不同半径的同心圆，那么，最里面是海尔文化的观念层，这一层也叫精神文化。观念层核心的东西是价值观。海尔文化观念层里面主要包括3个方面的内容：第一，海尔理念；第二，海尔精神；第三，海尔目标。如果再画一个半径稍微大一点的同心圆，那么这就是海尔文化的制度层，制度层主要包括企业的一些制度、规范、工作标准等；如果我们再画一个半径最大的同心圆，那么这就是海尔文化的物质层，物质层主要包括企业的厂容厂貌、工作服饰、文体活动、产品、服务等。

世界知名的管理大师德鲁科说：当前社会不是一场技术战，也不是软件的速度的革命，而是一场观念上的革命。用海尔人的话说就是：观念不变原地转，观念一变天地宽。海尔在1984年的时候濒临破产，我们靠的是不断转变员工的观念，企业发展了。现在我们企业做大了，我们还是要不断地转变员工的观念。海尔文化观念层有哪些重要内容，我从三方面讲：一、海尔理念；二、海尔精神；三、海尔目标。

一、海尔理念

我们说，在市场经济条件下，搞企业文化建设一定要紧紧地围绕市场观念而展开，如果离开了市场，企业文化建设的中心就无法实现。

第一，我们的市场观——创造市场

企业文化、市场和经济工作是紧紧结合在一起的。以前我们往往讲，物质文明和精神文明两手抓，一手抓物质文明，一手抓精神文明。那么，这文化和经济应该紧紧结合在一起，我看这不是两只手的问题，是一只手的问题，是手心和手背的问题。手心是文化，手背是经济，所以文化和经济紧紧地结合在一起，紧紧地和市场联系在一起。创造市场就是创造有效需求，现在的市场有些疲软，不少的人认为，是有效需求不足。海尔人认为不是有效需求不足,而是有效供给不足,企业应该从自身找原因,怎么样去创造有效需求,来满足用户的需求,去创造市场。

　　1990年,我们调查洗衣机市场时发现,夏天洗衣机卖得特别少,为什么夏天人们洗衣服洗得特别勤,洗衣机反而卖不动呢?经过市场调查我们发现,当时市场上只有4公斤、5公斤的大洗衣机,消费者夏天的衬衣、袜子换下来天天洗,用大洗衣机洗又费水又费电,干脆用手洗就行了。并不是夏天人们不需要洗衣机,而是没有适合洗衬衣和袜子的小的洗衣机。根据消费者这一个需求,我们研制开发了一种"小小神童"洗衣机,洗衣容量为1.5公斤,3个水位,最低水位洗两双袜子。这种洗衣机投入夏天市场后,很快就供不应求了。在科技开发和技术创新方面,我们还坚持市场的难题是开发的课题。1997年,张瑞敏到四川西南农村去考察,发现农民用的洗衣机经常在排水管地方有污泥堵着,张瑞敏就问农民:"你这个洗衣机的排水管为什么有这么多污泥堵着?"农民说:"我这个洗衣机不但用洗衣机洗衣服,还用它来洗地瓜。"回来后,张瑞敏就对我们的科研人员说,农民用我们的洗衣机洗地瓜,把排水管都堵住了,看看你们能不能想想办法。科研所一位小伙子大学本科毕业刚一年,他对张瑞敏说,洗衣机是用来洗衣服的,怎么能用来洗地瓜呢?'重要的在于教育农民'",他把毛主席语录拿出来了。张瑞敏对他说,农民给我们提供了一个很重要的信息,这个信息是用金钱无法买到的,你们要研制一种能洗地瓜的洗衣机。科研人员接到这个课题以后,在一个月的时间里把这个大地瓜洗衣机给搞出来了。实际它里面也没有高深的学问,只不过是搞了两个排水管,一个粗一点,一个细一点的,洗地瓜时用粗的,洗衣服时用细的。大家如果有机会到海尔去参观,在我们办公大楼前面,有一个海尔文化广场,广场东边有一个五龙钟塔,从这里到黄海只有六公里。大家要好好看一看,五龙钟塔是中国艺术大师韩美林的作品。1996年亚特兰大奥运会的时候,组委会为了纪念奥运百年,向世界上一百多个国家征集奥运纪念作品,在一百多件作品中,韩美林的五龙钟塔被选中了。在海尔文化园里面就是当年韩美林的原作。在美国亚特兰大公园里面还有一件,是这一件的复制品。世间仅此两件。海尔为什么花巨资把韩美林的五龙钟塔搞到海尔园里面呢?五龙钟塔高9.6米,预示是1996年的亚特兰大奥运会。钟塔是长方体,有四个面,从任何一个面看,都是一个中国的"中"字,有两个面是一个钟表,有两个面是奥运五环,也像中国的"中"字,这充分体现了韩美林的爱国之心。钟塔底部有四条龙,东西南北方向都有一条,呈见龙在田之势,塔的最高处有条龙,呈飞龙在天之势。现在美国纽约自由女神之像面向大西洋。海尔的钟塔五龙矗立黄海之滨,象征着一百年以后中华民族腾飞之龙面向太平洋。我们说,世上本没有龙,龙是马头、鹰爪、鹿角、虎腿、蟒身、鱼尾等多种动物的身体部分组合起来的,是中华民族创造的。中华民族创造的龙,是民族精神的一种象征。龙上能呼风唤雨,下能翻江倒海,体现的是一种生生不息和繁荣昌盛。一个能创造龙的民族,也应该能够创造更多更多。所以,我们海尔每位员工走到五龙钟塔,首先体会到的是我对企业应该怎么样有所创造。对一个企业来说,创造永恒,企业永恒。更快、更高、更强的奥运精神和海尔企业文化观念层的思想是一致的。当你走进海尔办公大楼,首先映入眼帘的是海尔作风——"迅速反应、马上行动",体现的是一个"快"字;海尔在管理上的理念是"日事日毕，日清日高"，体现一个"高"字；海尔的目标是进入世界500强，体现的是一个"强"字。更快、更高、更强的奥运精神和海尔企业文化观念层的思想是融为一体的。你看到这个五龙钟塔是企业文化建设物质层面的体现，但是体现的是观念层的一种思想，这两者是融为一体的。有时候我也到一些企业去和他们做一些企业文化方面的交流，不过有时候我看到的、听到的和他们说的往往不是融为一体的，而是相背离的。

第二，我们的质量观——有缺陷的产品就是废品

追求产品的零缺陷。传统观念认为质量管理的目标要把错误减到最少，这本身就是一个错误。海尔认为，事情一次就做对，零缺陷。质量管理观念不是海尔发明的。1961年，美国有一位质量管理学家，他叫菲利普·克罗斯比，他的零缺陷引用了美国两位生化学家的研究成果，两位生化学家说：大猩猩、黑猩猩和我们的DNA极其相似（也就是基因吧），只有1%的差别，就是这微不足道的1%，把人和动物区别开来。张瑞敏说：从现在开始，我们要确立质量方面的一种理念："有缺陷的产品就是废品"。以后我们的产品不能再分一、二、三等品，等外品了。我们的产品就分合格品、非合格产品。市场只有合格品，非合格品就不能进入市场，要再进入市场，就追究生产者的责任。他还说，从现在开始，我们要完善质量管理制度，以后谁再生产了这样的冰箱，责任由自己负。1985年4月张瑞敏收到一封用户的投诉信，说海尔冰箱质量有问题了。张瑞敏到我们仓库里去，把400多台冰箱，全都做了检查，发现有76台不合格。张瑞敏很恼火，就找我们检查部来了，问道：你们看看这批冰箱怎么办？我们说，既然已经这样，就内部处理了算了。

当时，我们每个人家里边都没有冰箱。张瑞敏说，如果这样的话，就是以后还允许再生产这样的冰箱。就这么办吧，你们检查部门搞一个劣质工作、劣质产品展览会。我们就搞了两个大展室，展了劣质零部件和劣质的76台冰箱，让全厂职工都来参观。参观完以后，张瑞敏把生产这些冰箱的责任者和中层领导留下，就问他们，你们看怎么办？大多数人的意见和我们一致，都是说最后处理了算了。张瑞敏说：这些冰箱我们就地销毁。他拿了一把大锤，照着一台冰箱，"咣咣"就砸了过去，把这台冰箱砸成一堆废铁，然后把大锤交给了责任者，把76台冰箱全都销毁了。

当时我们在场的人一个一个地都眼里流泪了。虽然一台冰箱当时才800多元钱，但是，我们每人每个月的工资才40多块钱，一台冰箱是我们两年的工资。砸了冰箱以后张瑞敏说，这些冰箱的责任是我造成的，因为我没有使全员的质量意识得到提高，他自己罚了自己工资的百分之百。我们的副厂长杨绵绵（现在我们的总裁）罚了80%工资。应该说砸冰箱这件事，给我们全员思想产生了强烈的震撼，全员的质量意识有了普遍的提高。因为我们交的学费太大了。我们经过4年的时间，1988年12月我们就获得了中国电冰箱市场的第一枚国内金牌，把冰箱做到了全国第一。当年，我们是靠着把别人干不成的产品干成了，别人办不到的事，我们办到了的精神，争取到了部里审批的全国最后一个生产冰箱的厂家。沈阳冰箱厂是1957年建厂的全国最早的冰箱生产厂，广东万宝是我们的老师，苏州香雪海，我们去请教。利用4年的时间我们超过了我们的老师。

第三,我们的营销观——先卖信誉,再卖产品

海尔产品不是推销给用户,而是在销售产品的过程中,把信誉放在第一位,把对用户的情感的交流放在第一位,卖产品这是第二位的。海尔产品在国内外也有了一定的知名度了。不过一个企业你要有一定的知名度那很简单,你有钱了,做广告有知名度就行了。为了向北京市民兑现海尔24小时之内空调要安装到位这一句承诺,我们青岛有100名安装工,租专机去北京安装空调。他们如果是乘去北京的特快列车,就兑现不了24小时之内空调安装到位。所以这100名安装工租专机到北京安装空调,就是为了兑现这个信誉。

第四,服务观——只要您打一个电话,剩下的我们来做

对服务的认识上,我们认为,服务不单纯指的是售后服务,它还包括售前服务,售中服务。售前的产品咨询,售中的送货上门都是服务。前几天,我看到一篇文章,题目是《没有服务的服务便是最好的服务》。这把服务理解得很狭义了。他认为服务就是售后服务,实际上,服务是一个广义的。售前的服务,产品咨询都是服务,对任何企业来说他都有服务。我们还认为,服务不单是指上门安装维修,还要包括征求用户的意见和需求。我们说售后服务的完结就是新产品研制的开始。在服务上,我们主要的做法是:一,差别化服务。二,情感化服务。三,一致化服务。

第五,人才观——赛马机制

人人是人才,领导使用人就是开发人,这在人才开发上叫再使用人才。在开拓市场方面充分发挥他们的主观能动性。在这方面,我们海尔是以联合舰队模式,既要充分发挥舰队的主观能动性,又不至于使他们脱离旗舰的指挥。所以,我们强调企业文化,不管是在欧洲的海尔、武汉的海尔、济南的海尔,都是一种企业文化,特别是大的公司管理靠的都是企业文化,具体是允许各自为战,但不允许各自为政。前几年,我们有些个别的中层领导,受社会上用人原则的影响,是"用人不疑,疑人不用"。由于受这种思想的影响,前几年,个别的中层领导有的时候脱离集团的轨道,集团领导批评几句,个别的人也是口服心不服。他心里在嘀咕:"用人不疑,疑人不用。"以后集团领导知道了,针对中层干部存在这样一种思想倾向,在一次集团中层干部会上,张瑞敏非常严肃地指出:"用人不疑,疑人不用,是对市场经济的反动,是中国传统文化的糟粕,是导致干部放纵自己的理论温床。"海尔讲,干部在位要受控,届满要交流。"用人不疑,疑人不用"是2 000多年前,我国古代思想家管子首先提出来的。2 000多年以来,我们一直认为该观点是正确的。海尔认为"用人不疑,疑人不用"是对市场经济的反动,是中国传统文化的糟粕,是导致干部放纵自己的理论温床。当然,这是海尔一家之言,我在这里跟大家交流。毛泽东说:"百花齐放,百家争鸣",海尔是这样认为的,也是这样做的。干部在位要受控。给你权力,但你的权力要受监督和约束,控制也是全方位的。我们认为这种控制很重要。

第六,我们的管理观——"日事日毕,日清日高"

海尔在管理上还有一个斜坡球体论。企业就是在斜坡上的一个球体,由于员工的惰性和来自于市场的压力,这个球体很容易下滑。要想使球体不下滑,就要使球体有支动力,这个支动力就是企业的基础管理。也就是说,你把基础管理要搞好了,要

想使球体在斜坡上往上走,就要有种推动力,这个推动力就是我们企业不断创新的能力。企业只有不断的创新,才能推动球体在斜坡上的前进。第一要搞好基层管理;第二要不断地创新,才能推动球体往上走。这是我们海尔的斜坡球体论。清华大学的教授在讲课时称为海尔定律,我们不敢称为定律,我们只叫斜坡球体论。"日事日毕,日清日高",这样的管理理念和斜坡球体论,海尔产生了一个日清日高管理法,也就是OEC管理法。"日事日毕,日清日高"跟日清日高管理法是什么关系呢?我们说企业文化分三个层次,像我们的人才观,人人是人才,这是第一个层次(观念层)的,是张瑞敏提出来的。我们的业务部门怎么样来落实呢?人力资源开发搞了一个"赛马"机制,把"赛马"机制的办法搞出来,形成制度,在物质层看到人才辈出。我们企业中心把张瑞敏的思想整理一下对员工进行教育时,我们用一种故事,发生在员工身边的一个个事例,对员工进行教育。员工一听这故事,知道了是这么一种道理,我们把它梳理梳理,使它条理化,然后通过我们的报纸传达给员工,来教育员工。我们的管理部门、业务部门使企业把张瑞敏的思想用制度规范,让员工形成共识。

二、海尔精神:"敬业报国,追求卓越"

海尔精神是企业文化核心的核心。一个企业要想搞企业文化建设,最重要的是,你的企业精神要把它提炼好。它要体现企业的核心价值观,体现企业的个性。你都会在醒目的位置看到"敬业报国,追求卓越"的精神,我们不是当作口号来喊,我们的《海尔报》等新闻舆论工具都要用一些具体的实例以及发生在我们员工中的一些故事来诠释这种企业精神,来教育我们的全员,让员工明白一种道理。通过这些故事让员工明白企业精神,企业精神在我们员工和领导身上得到充分的体现。

1984年,张瑞敏到德国去考察电冰箱项目。回来后他对我们说,这是他首次走出国门,一位德国朋友对他说,在德国市场上畅销的中国货,只有烟花和爆竹。我的心如在流血一样。我想,总有一天我生产的产品能畅销德国,畅销世界。

三、海尔目标:创世界名牌,进入世界500强

我们不断地对员工进行目标教育。我们认为目标就是凝聚力,目标是最强的凝聚力。前几年有一个学者叫彼德罗夫斯基,他有一个人际关系层次学说。他说,为加强群体的凝聚力,首先要从情感联系入手,从而达到价值观的高度认同,最终实现目标的彼此内化。对员工要想得非常周到,八小时之内努力干,八小时之外给他们排忧解难。各级组织要同员工不断沟通,各级领导每个月都和员工有座谈会。帮助员工解决困难,该拍拍肩膀,挥挥手的都要做。但是,如果只停留在这个基础上,你还是个初级阶段,你进而要达到价值观的高度认同,你达到这一点了,员工的凝聚力就高度增强了,那么最终实现目标彼此内化。最强的凝聚力是员工要记住大目标,员工认为企业的大目标实现了,我个人的目标也就实现了,我的人生价值就得到了体现。为了实现我们的目标,我甘愿为实现企业大目标而付出。他把两者融为一体了,彼此内化了。这是最深的凝聚力。所以企业都要有自己发展的长远目标,这个目标要告诉你的员工,员工认同它,向一个方向努力,你才能成功。

相关阅读

从三鹿奶粉事件看企业道德缺失

三鹿集团受污染奶粉危害婴幼儿健康事件,影响婴儿分布范围较广,截至2008年9月13日,卫生部公布已经有59例泌尿结石病人,并已经出现1例死亡,其中甘肃最为严重,据估计潜在受害人数达到3万多人,奶粉污染在国内的影响迅速升温,很快成为全国媒体和公众关注的焦点。

据三鹿集团证实,早在2008年3月三鹿污染奶粉造成婴幼儿出现泌尿疾病症状就已经被消费者反映到三鹿集团,三鹿集团立刻派人到相应消费者了解情况,根据反映的产品批次,请求地方有关部门对产品进行了检测,同时到国家有关部门检测,结果显示产品符合国家标准。不知道是公司设备技术水平太低,还是有关政府部门缺乏责任意识,随意出检验报告,明明有问题,怎么送检之后还符合国家标准,国家标准难道允许奶粉中含有三聚氰胺?而且一直到2008年6月再次出现投诉,三鹿集团才承认检出不合格成分三聚氰胺,奶粉受到污染,既然2008年6月已经证实奶粉受到三聚氰胺的污染,为什么当时不马上采取全面措施,尽快召回所有污染奶粉,将人民群众的损失和婴幼儿伤害降到最低?为什么非要等到媒体曝光,公众目光都集中在三鹿集团了,才高调宣布采取召回措施?据了解,截至2008年9月10日,三鹿集团已封存问题奶粉2 716吨,收回奶粉8 210吨,大约还有700吨奶粉正在通过各种方式收回。可见已经生产多少污染奶粉,受害和受影响的人群分布之广可见一般。

我们来看看三鹿集团公司的简介:

石家庄三鹿集团是集奶牛饲养、乳品加工、科研开发为一体的大型企业集团,是中国食品工业百强、农业产业化国家重点龙头企业,也是河北省、石家庄市重点支持的企业集团,连续6年入选中国企业500强。企业先后荣获全国"五一"劳动奖状、全国先进基层党组织、全国轻工业十佳企业、全国质量管理先进企业、科技创新型星火龙头企业、中国食品工业优秀企业、中国优秀诚信企业等省以上荣誉称号二百余项。2007年,集团实现销售收入100.16亿元,同比增长15.3%。1983年,在同行业率先研制、生产母乳化奶粉(婴儿配方奶粉);2006年位居国际知名杂志《福布斯》评选的"中国顶尖企业百强"乳品行业第一位。经中国品牌资产评价中心评定,三鹿品牌价值达149.07亿元。企业通过了ISO 9001、ISO 14001认证、GMP审核和HACCP认证,获国家实验室认可证书、国家认定企业技术中心称号,为三鹿产品走向世界奠定了坚实的基础。"新一代婴幼儿配方奶粉研究及其配套技术的创新与集成项目"获得了由国务院颁发的2007年度国家科学技术进步奖,使三鹿成为国内唯一登上国家最高科技领奖台的乳品企业,充分彰显了三鹿在婴幼儿配方奶粉研究方面的顶尖实力,标志着我国婴幼儿配方奶粉的研究和生产达到国际先进水平。并且自1993年起,三鹿奶粉产销量连续15年实现全国第一,在短短几年内,先后与北京、河北、天津、河南、甘肃、广东、江苏、山东、安徽等省市的30多家企业进行控股、合资、合作。2006年6月15日,三鹿集团与全球最大的乳品制造商之一新西兰恒天然集团的合资公司正式运营。

三鹿集团在中国奶粉市场如此出名,并且其婴幼儿奶粉一直占据市场第一位,婴幼儿奶粉配方还获得国家奖励,而且是普通大众深信不疑的民族奶粉品牌,深受大部分人民群众喜爱,按理说应该很注重自己的产品质量和品牌形象,不知道企业产品质量控制是怎么控制的,怎么出了质量问题反应如此慢,而且出现问题还多次回避,如果不是事态扩大化,估计三鹿召回都不召回了,企业负责人一直有大事化小,一了百了的心态。站在企业社会责任和消费者利益的角度来看这是极不负责的行为,还是国家免检产品,这让公众对三鹿集团和国家的相关部门的责任心产生不信任,这种公众信心损失很难弥补,会产生对整个行业的产品质量产生怀疑,危机整个民族乳品行业。

2008年9月,三鹿奶粉事件爆发,国民对国产奶粉的信心跌入冰点,国家紧急行动,对市场上所有厂家销售的奶粉进行抽查,新闻联播报道——"对抽检不合格的产品,坚决下架"。其中蒙牛、伊利赫然在目,恐慌再次升级。这次事件的影响远比想象的更糟糕,经检测,包括伊利、蒙牛在内,中国奶品市场的70%比例奶制品都跟三聚氰胺有了亲密接触,未来中国人要怎么样面对,谁都羞愧得不知道该怎么办。食品安全问题与社会诸多问题一样,归根到底是见利忘义的道德沦丧问题。于是,再次了引发公共舆论对企业道德的追问,今日中国不完全市场经济体制之下的企业道德问题可谓是改革开放以来出现的一个新问题;在计划经济时期,中国虽然有形式意义上的企业,却没有市场意义上的企业,那时候的企业本质上是政府的一个分支部门或机构,因而也就不具有市场行为主体之意义,自然也就无所谓企业道德。随着计划经济体制改革、市场孕育和逐渐成长企业日益成为市场行为主体,企业的道德问题才自然而生。

由此不难看出,中国企业和企业家很多缺乏职业道德、企业伦理,以前还有类似事件发生,诸如安徽阜阳2005年"大头娃娃"事件,2008年出口日本的毒饺子事件,如果三鹿集团有足够的企业道德伦理意识,即使出现意外危机问题,也会尽快速反应,尽量减少企业的品牌形象损失,企业对危机时间快速正确反应,有利于树立企业的公众信誉和品牌形象,而这一切都建立在健全的企业伦理制度和企业家的职业道德意识基础之上。

这一点在国外不乏先例,1982年9月29日至30日有报道称:芝加哥地区有人因服用泰诺公司的"泰诺"止痛胶囊产品而死于氰中毒,死亡人数更是从最初的3人增至25人,后来这一数字被夸大成2 000人,但实际死亡人数为7人。此次事件爆发后,"泰诺"94%的服药者拒绝服用此药。医院、药店纷纷撤销泰诺产品。泰诺公司针对此次事件,迅速成立专业委员会展开了一系列相应措施,力求减少对公众危害和企业损失:

1.在全美范围内立即召回"泰诺"止痛胶囊产品,对受害人作出应有补偿;

2.以真诚的态度与新闻媒体沟通,如实传播事实,其中包括对企业有利的方面和不利的方面;

3.积极配合美国医药管理局的调查,在 5 天内对产品进行抽检化验,公布检验检查结果;

4.为"泰诺"止痛药设计防污染新式包装,以美国政府发布新的包装规定为契机,以崭新的形象重新步入药品市场。

由于泰诺公司对这次事件反应及时,积极妥当处理方式重新赢得公众信任,一年以后泰诺公司以一个负责任的公司形象将其生产的药品重新打入市场。

此类突发事件还会在某些行业企业再次发生,对中国企业家和企业进行系统全面的道德伦理教育和变革是当务之急,正确的处理方法会挽救企业于危难之际,也会减少公众损失和社会危害,建议从以下几个方面入手强化制度和文化约束:修改公司法,对公司内涵进行重新界定,公司不仅仅是为了利润的经济的组织,还负有一定社会伦理责任,从法律上明确体现对企业伦理道德和企业家道德约束;教育体制方面,管理教育要强调企业道德的重视性,参照西方 MBA 教育企业培训,必要的开设专业企业道德伦理课程;企业管理制度方面,体现企业管理制度上对企业和企业家道德风险约束。

项目小结

通过本章节的学习,了解了职业道德、企业道德及企业文化的内涵、特征及作用,以及三者之间的相互关系。

思考和训练

1.企业道德和企业文化之间的关系是什么?
2.职业道德和企业道德之间的关系是什么?
3.职业道德和企业文化之间的关系是什么?

项目 3
职业道德与企业竞争力

任务 1　加强职业道德修养提高产品和服务的质量

企业要在竞争激烈的国内外市场上得以生存和发展，尽管可以在经营管理上使出有利于企业的千般解数，但最终还只能依靠过硬的产品和服务质量。提高产品和服务的质量，可以通过工艺革新，改进和引进设备，不断地开发新产品，降低成本，提高劳动生产率等，但最重要的一点是除了以上几个方面的方法外，还必须要依赖企业的员工具有较高的职业道德觉悟和水平。有战略眼光的企业家，为了企业的发展，无不把产品的质量放在企业管理的核心地位，把打造企业著名品牌作为企业的重要工作。大量的实践证明，只有那些视质量为生命的企业，才能在国内外市场竞争中焕发出勃勃生机。

曾经有一种观点认为产品质量问题主要是因为技术的关系，把产品质量低下的原因归咎于设备和技术落后，认为只要采用了先进的技术和设备，产品质量就会得以改进和提高。我们说虽然在一定程度上技术水平和设备决定了产品质量的优劣，但是更深一层的考察就发现，事情绝不是如此简单。不难发现现在的很多产品技术含量是提高了，可是产品的质量却下降了，武汉一家机床厂，承接维修本厂一台已销售了几十年的机床。拆开机器后，工人们惊奇地发现机床的质量比现在正生产的同类机床要好得多。再来看电池的质量，按理说随着技术的进步，电池的使用寿命应该大大提高，可实际情况却是现在很多电池的寿命还不如以前的电池。更不要说很多其他产品，比如食品、药品等，企业为了降低成本，在原材料的投入上降低标准，尽管技术高了，可质量却下降了。企业的技术设备已是升级换代，但是产品的质量却在倒退。经常会从传媒看到这样的报道，某些企业专门制造假冒伪劣产品，工商部门查到时发现其生产技术设备比正规生产厂家还要先进。所以，质量和服务水平的提高最终还是要依靠人，质量问题在某种程度上是一种道德的问题。

人们发现企业中存在的工作质量和产品质量低劣、严重的浪费、纪律松懈、资产流失、玩忽职守等问题，都是与企业的职业道德低下和缺失相关联。从这些事实证明，企业员工的道德素质上不去，那么无论有多好的技术设备，也无法保证产品和服务质量的提高，最终企业只能得到短期的效益，而无法获得真正的发展。

职业道德是指从事一定职业的人,在职业活动的整个过程所要遵循的与所从事的职业活动相应的道德行为规范,它规定了从业人员在职业活动中的行为要求,同时又体现了本行业对社会所承担的道德责任和道德义务,它是人类社会道德的一个重要组成部分。近年来,由于全球经济的一体化,科技迅猛发展,市场竞争更趋激烈,人们的思想及价值观、价值取向、道德原则都发生了很大的变化,在这种变化中,原已形成的一些优良传统和优秀的道德品质不仅没有得到充分的继承和发扬,反而在逐步地丧失和丢弃。质量是企业经济效益的基础,质量是企业的生命。我们讲求职业道德的目的是很明确的,就是为企业服务的,为了提高产品和服务质量,为了创企业名牌、创企业信誉、塑造企业形象服务的,也是为了"质量兴国"服务的。

目前,我们国家作为一个制造业大国,不能再成为廉价商品的代名词。我们的产品除了必须加大技术含量外,更应该加强质量的管理,创出世界认可的品牌。要创品牌,提高企业在国际上的地位和影响力,这就必须要大力加强企业的职业道德建设。从国际上看,日本高质量产品的形成及其经济的高速发展,与他们高度重视职业道德建设是密不可分的。日本企业把职业道德建设当作企业管理的核心,形成了具有自己特点的职业道德体系。奔驰公司是世界知名汽车制造企业,奔驰汽车的高质量是由奔驰企业员工良好的职业道德来保证的,他们有着追求完美的敬业精神和质量意识,即使制作一个普通的车座,在制作中,选料、加工、熨烫,所有工序一丝不苟,精益求精;为了保证汽车的质量和性能,每年拿出上百辆新汽车进行破坏性检测试验;在销售过程中,更是通过销售员工良好的服务,诚实守信、热情周到、认真负责,站在客户的角度多为客户考虑,在汽车销售之后,加强售后服务,保证维修的及时性和维修的精确度,让顾客满意,解除顾客的后顾之忧。这些经验告诉我们企业员工只有具有了优良的职业道德,才能制造出优良的产品,最终为顾客提供优良的服务。

随着全球经济的一体化,在管理上我们也要借鉴国外的一些先进成功的管理方法和经验,坚持以人为本,通过教育和培训,不断提高企业员工的职业道德水平,培养合格的高素质人才,为企业的发展增强精神动力。

企业要提高产品的质量,给顾客提供优质的服务,就必须要求职工具有较高的职业道德。要求要从以下几个方面来做。

首先,要掌握扎实的职业技能和相关的专业知识,这是提高产品和服务质量的前提。

其次,在企业的产品加工过程中,职工必须一丝不苟、精雕细琢、精益求精,要避免一切可以避免出现的问题;在服务性行业直接给顾客提供服务的过程中,职工必须文明礼貌、热情周到、耐心细致、百问不厌。这种认真态度和敬业精神,是提高产品和服务质量的直接表现。

再次,要忠于企业,维护企业形象,力争为企业创造更大的利润,为企业的生存和发展作出自己的贡献,这是提高产品和服务质量的内部精神动力。

另外,要严格遵守企业的规章制度,服从企业的安排,这是提高产品和服务质量的纪律保证;要奉献社会,真正以顾客为上帝,全心全意为顾客服务,为顾客提供方便,让顾客满意,这是提高产品和服务质量的外部精神动力。

以上这几个方面无一不与职业道德紧密相连,特别是服务性行业,职工如何给顾客提供服务、提供什么样的服务直接就是职工职业道德的表现。

案 例

　　春兰集团在发展初期,发现生产线上生产的个别空调出现质量问题,公司领导不是将其隐瞒,而是将这批空调放到广场上公开销毁。有些职工不理解,公司领导则向职工强调,有问题的产品一旦流入市场,会给消费者个人造成很大的损失,宁愿企业受点损失,也不能让消费者来承担。海尔创业之初,第一批产品的外壳上出现了一些瑕疵,张瑞敏没有让产品下线流入市场,而是让职工亲手销毁了这批产品。就是企业营造的这种经营理念和道德修养,最终使得春兰集团成为国内空调生产的龙头老大,海尔集团更是成为国际的一个知名企业。

任务2　加强职业道德修养使企业摆脱困难,实现经营目标

　　任何企业在其发展过程中,都不可能一帆风顺,时常会遇到这样或那样的困难和挫折。如受国际国内政治、经济形势和政策的变化或突发性自然灾害的影响,市场供求关系产生重大变化,从而导致企业资金周转不开、原材料购买不到、产品销售不出去,或企业自身受到火灾、重大设备损坏等突发性灾变,这些情况都可能使企业处于困境。当企业受到挫折时,如果职工有崇高的职业道德,能爱厂如家,以企业的前途和命运为重,从企业的大局利益着想,自觉舍弃和牺牲个人利益,与企业同心同德、同舟共济,企业可能摆脱困难,走出困境,起死回生。反之,当企业处于困境时,若职工与企业离心离德,首先想到的不是如何使企业渡过难关,而是如何维护个人的利益,如何尽快地谋求个人的出路,那么企业就将被置于死地。由此可见,职工职业道德的高低在一定情况下决定着企业的生死存亡。

　　我们来看看日本的例子。

　　日本能源完全依赖进口,在20世纪70年代中东石油输出国实行石油禁运时,日本遭受了惨重的损失,1973—1974年,日本的通货膨胀率高达25%,许多公司、企业处于困境甚至濒于倒闭的边缘,不少工人在企业无事可做,因此被迫暂时回家(由于日本企业大多实行的是终身雇佣制,因而他们中许多人并没有被彻底解雇,只是暂时休假)。但这些有较高职业道德觉悟的工人根本无法安心闲坐在家,他们又陆陆续续地回到企业,清理车间,剪除杂草,不管什么活都干。他们来帮忙既不是由于管理部门的指派,也不是为了赚钱,而是纯粹出于对企业的热爱和关心,他们认为企业出现了困难,就应该尽自己的微薄之力,帮助企业。

　　日本工人在企业中有强烈的集体主义意识和主人翁责任感,他们总是把企业的生存和发展与个人的前途和命运紧密地结合起来。当企业处于蓬勃发展的顺境时,他们为企业感到骄傲和自豪;当企业处于困境时,他们不仅不会想到舍弃企业另寻他路,而且也不会袖手旁观。他们总是想方设法帮助企业,努力为企业减轻负担,积极为企业寻找出路,力争为企业的复兴贡献自己的力量。上述案子就典型地说明了日本工人的这种职业道德观念。他们本来可以悠闲地呆在家里,但他们偏要回到企业做一些有益于企业的工作。有这样的职工,企业有什么困

难会克服不了,有什么难关渡不过去呢? 而且,这种强烈的集体主义价值观不仅成为日本工人主导的职业道德观念,也融入了普通市民的道德观念之中。二战后,日本能在一片废墟中迅速崛起,克服重重困难,一跃成为世界上第二号经济强国,其奥秘就在这里。

职工具有良好的职业道德还有利于实现企业阶段的发展目标。在经济全球化加强、买方市场占主导地位,市场竞争呈现出越来越加剧、越来越激烈的情况下,市场如战场,市场的供求关系可以说几乎达到了万变的地步。新产品、新技术层出不穷,每个企业要在市场竞争中出奇制胜,永居不败之地,就必须适应市场供求关系万变的要求,制订在各个不同发展阶段非常规性的工作。这样,职工就必须进行非常规性的工作和劳动,如法律允许范围内的加班加点、超负荷的工作等,因而要求职工必须具备较高的职业道德。

所以,要大力加强职业道德教育,进行忠诚和诚信的教育,让企业员工明白企业和员工之间的关系,企业承载着员工的命运和希望,员工作为基石支撑和推动着企业的发展。"唇齿相依,唇亡齿寒",企业和员工是命运共同体,企业荣则我荣,企业衰则我衰。微软、IBM、沃尔玛、松下、柯达……这些企业之所以能够成长为世界一流的企业,是因为始终有一批世界一流的员工和企业一起奋斗,一起担当,荣辱与共。"不经历风雨,怎么见彩虹",只有经历创业时的艰辛,才能体会成功时的喜悦。作为企业的员工不要太计较一时的你多我少,如果每一个员工都把目光放长远一点,在企业面临困难的今天少索取一些,让企业渡过眼前的难关,更快更好地发展,那明天就将得到更多的回报。

 案 例

大连大杨创世股份有限公司,2008年金融危机以后,企业和员工一起努力渡过难关。大杨的每一个人,都把企业当成一个大的家庭,自己就是家里的一员,一旦困难来了以后,大家都齐心合力去克服困难,而不是一走了之或冷眼旁观。为此,职工积极响应企业提倡的零浪费,主动从各个方面节约,杜绝浪费。在订单批次多,数量小的情况下,保证交货时间准确,产品质量不断提高,且产品成本还逐步下降,使得企业在渡过金融危机后,得以更好地发展。

任务3 加强职业道德修养树立企业良好形象

3.1 企业形象及其特征

形象是人们感觉、认知客观事物后所形成的印象。企业形象就是人们对企业所具有的情感和意志的总和,是企业在公众、顾客和员工心目中的总体印象,它由物质和精神两个方面构成。企业形象的物质方面包括企业的设备、技术、人才、资金、产品、商标以及广告等表现形态,精神方面包括企业的宗旨、信誉、道德以及文化等表现形态,精神层面是企业形象的核心。良好的企业形象可增强企业的市场竞争力,可促进企业快速发展。

企业形象具有多面性、相对稳定性、可变性、阶段性几个特征。

3.2 树立良好的职业道德,塑造良好的企业形象, 一方面是企业自身发展的需要, 同时也是市场经济的自然规律

3.2.1 加强职业道德建设是企业自我发展的需要

企业是独立经济和利益主体,企业有着追求利润最大化的要求,但企业追求利润最大化的前提是企业必须生产满足人们生活不断提高所需要的产品,否则,企业就失去了存在的社会价值。同时企业的生存和发展又要依赖于社会。社会的发展促进了企业职业道德的建立,企业的职业道德又对社会起着很大的反作用。

职业道德与企业的发展是相辅相成的关系,而不是对立的关系。良好的职业道德可以促进企业的生存和发展,而优秀的企业又非常重视对企业职业道德的培育和建设。有的人有一种错误的观点,认为企业要获取最大利润,只有通过竞争、只讲利益,可以不择手段,达到目的就是成功,可以不讲职业道德。而要讲职业道德就不一定能获得最大的利润,把企业的发展和职业道德的建设二者对立起来。我们说,企业是要讲赚钱,一个企业成功的标志之一就是这个企业是否有好的效益。但企业利益的实现、企业的竞争必须要以不损害社会利益为基本前提。企业追求自身利益时必须要以职业道德、遵纪守法、诚实守信为规范,要符合国家利益和人们的利益,必须重视社会利益,对社会负责,做到自身权益与社会责任的统一。否则,企业的经营活动有可能无法正常地进行,甚至受到破坏。比如,企业有纳税的责任和义务,但有些企业纳税意识不强,逃税漏税,这既是对社会不负责任的表现,也是一种不道德的行为。企业有保护环境的责任和义务,这是关系到自然生态环境和人类生存的基本问题。但有些企业只顾自己个体的利益,随意排放"三废",污染环境,这也是一种不道德的行为。还有企业有保护消费者利益的责任,为消费者生产合格的产品,但一些企业不顾消费者的利益,片面追求利润,重利轻义,偷工减料,粗制滥造,甚至唯利是图,制造假冒伪劣产品,坑骗消费者,严重败坏了企业形象,害人害己,也是极不道德的行为。所以企业必须要把自己的利益和社会的利益统一起来,把企业的经济效益与社会效益统一起来,通过大力推进职业道德的建设,树立起良好的企业形象,才能够长久地生存和持续地发展。职业道德与企业发展是相辅相成,相互促进的。

3.2.2 加强职业道德是社会主义市场经济的必然要求和自然规律

首先,社会主义市场经济是促进职业道德建设的动力,它不仅有助于珍惜时间、讲究效益、注重质量、维护信誉、尊重知识、尊重人才等新的职业道德观念更新,而且打破了旧职业活动中讲等级、讲关系、讲裙带等封建色彩的旧道德观念,为人们平等竞争创造了条件。

反过来,职业道德又是保证和促进社会主义市场经济健康发展的强大精神力量。它保证社会主义市场经济向着正确的方向发展,如果不以社会主义职业道德规范人们的行为,社会主义市场经济发展就可能背离正确的轨道。例如出现的"一切向钱看"、欺行霸市、制造假冒伪

劣产品、坑害消费者等都是脱离社会主义市场经济不道德的行为。还有就是优良的职业道德观念,如全心全意为人民服务、团结友爱、互相协作、诚实守信等优秀的职业道德,一旦内化成人们的内在品德,就会对人们的行为发生重大影响,直接推动经济的发展。所以在当今社会主义市场经济条件下,我们更应加强社会主义职业道德建设,使它更好地发挥出巨大的作用。

3.3   加强职业道德修养从四个层次上提高企业形象

每个企业形象形成的基础是源自于企业自身的行为特征,是客观存在的。企业形象根据公众的主观印象和综合评价最终形成,此过程因为公众的差异性,导致具有了一定的主观色彩。我们把构成企业形象并作用于公众的内容划分为企业形象的四个层次,即产品和服务的形象、企业内部员工的形象、企业的对外形象和企业的整体形象。加强企业的职业道德修养可以从这四个层次上提高企业的形象。

3.3.1   加强职业道德修养可以提高企业的产品和服务形象

企业的产品形象是指产品的质量、性能、品种、价格及名称、商标、外观、包装等在公众心目中的综合评价;企业的服务形象是指服务的时间、方式、手段、质量等在公众心目中的综合评价。这其中产品及服务的质量尤为重要。只有提高了企业的职业道德才能保证和提高产品及服务的质量水平,从而增强企业的产品和服务的良好形象。

3.3.2   加强企业道德修养树立良好的企业内部员工形象

企业内部员工的形象是指企业员工的精神风貌、服务态度、行为举止、仪表、工作效率等在公众心目中的综合评价。职业道德的基本内容包括:敬业奉献,提高技能;明礼诚信,注重质量;爱国守法,团结友善;勤俭自强,勇于竞争。加强职业道德的修养即是提高企业员工的整体道德水平,从而体现在企业员工的整个职业工作过程当中。良好的职业道德水平必然形成良好的精神面貌、良好的服务,得当的行为举止、仪表以及高效的工作效率,最终获得公众的肯定和认可,在公众的心目中行成良好的形象。

3.3.3   加强职业道德修养会培育良好的企业外观形象

企业的外观形象是指企业名称、企业的标记(包括厂标、厂旗、厂服、厂容厂貌、产品样式及包装等)、企业的环境、纪念物等在公众心目中的综合评价。这是企业文化的外显层次。很大层度上,公众首先是被企业的外观形象所吸引,企业名称是否引人注目、企业产品包装是否美观、企业的标记是否明显、企业的环境是否优美等。企业员工通过职业道德行为体现和维护企业的这个层面。通过形成的第一好印象,对良好企业整体形象的形成起到作用。

3.3.4   加强职业道德修养最终造就企业的良好整体形象

企业的整体形象是指公众心目中对一个企业的理念、精神文化、实力、规模、管理水平等的综合评价。整体形象是企业形象的最高层次。企业整体形象的形成有赖于企业其他形象的形成,同时整体形象一旦形成,又会制约企业的其他形象。只有加强了企业员工的职业道德,企业员工才能认同和内化企业的理念和精神,并为此自觉地建设和维护企业的整体形象。良好的企业整体形象引导公众对企业产生较为长期的良好的行为和态度,从而为企业在激烈竞争中赢得优势。

3.4 通过加强职业道德解决企业形象建设中可能出现的问题

3.4.1 动员企业全体员工共同参与建设企业形象

企业形象建设不是通过几个人研究一番就设计出来一个企业标志,或者设计几条口号来喊喊的简单事情,而是一项长期而艰巨的系统工程,它涉及的内容渗透到企业的经营过程的方方面面,包括每个角落、每道程序和每个部门,缺一不可。企业形象建设不是企业某个部门或某个人的事情,不是一个部门可以完成的,要求整个企业各个部门之间上下、左右、前后全方面的联动和合作,在形象建设过程中,要求从企业高层到一般企业员工,全员参与,从我做起,这就要求企业加强职业道德的建设,让每个企业的员工都提高自己的道德修养,把个人的理想和企业的理念,把个人的发展和企业的发展结合在一起,拥有共同的愿景,为此一起共同努力,自觉地参与企业形象建设。

3.4.2 通过职业道德修养的提高,使企业员工认识到企业形象建设是与企业目标相辅相成的

企业目标是企业对未来发展方向的定位和确定,为员工指明了企业的方向和目标。企业通常都会制定一个长期的战略目标,让人感到企业发展的持续性和稳定性,不能让人觉得企业的经营行为是一种短期,这样会有利于企业的发展和各项管理的制订、落实和实施,同时激发企业员工的积极性和工作热情。通过职业道德建设,提高企业员工职业道德修养,把员工个人目标和企业目标融合起来,看到企业形象建设最终的目的是为了实现企业的长期目标,实现了企业的目标在一定程度上也就实现了自我的目标。为此,自觉地、满腔热情地投入到企业的形象建设中,在企业形象建设中尽职尽责,用优良的职业道德操守要求自己。

3.4.3 通过加强职业道德修养,适应不断发展变化的企业形象

企业形象一旦形成,虽然有一定的稳定性,但不是一成不变的。随着整个社会的发展,企业面对的各种环境也在不断的变化中,企业在经营过程中同时需要发生变化,企业的身份、价值、战略等都会不断地改变和调整,这个时候要求企业的员工加强自己的职业道德修养,来适应企业的变化,不同时期企业对员工的要求也会有所变化,企业员工必须适应这种变化,与时俱进的创造和维护企业新的形象,通过这种新的企业形象引领企业新的发展。国际上很多企业如联合利华、Intel、可口可乐以及中国的海尔、长虹、联想等都曾通过加强企业的职业道德来塑造企业新的形象,并以这个新的形象为契机促进了企业的发展。

3.4.4 通过加强职业道德修养,从细处着手建立良好的企业形象

企业形象很大程度上就是建立在沟通之上,这种沟通是一个动态的和持续的过程。沟通有很多种方式,但无论哪种方式都必须由人来最终完成。在此过程中,人员的素质和职业道德就显得至关紧要,具有良好的职业道德和职业素质的,必然具有较好的沟通能力和行为,在长

期的沟通接触过程中从细处日积月累为企业创造起良好的形象。为此,企业也必须不断地通过培训、学习等方式来提高企业员工的职业道德修养。

3.5　职业道德有利于企业树立良好形象、创造企业著名品牌

一定程度上,品牌就是信誉的保证。在人们的基本要求得到满足以后,人们再消费的时候会开始更加关注品牌。这个时候具有良好社会信誉的企业的商品就会成为人们选购商品的首选。某种商品品牌不仅标志着这种商品质量的高低、标志着人们对这种商品信任度的高低,同时还蕴涵着一种文化品位,代表着一种消费层次。这个时候商品的价值会包含进企业的无形资产,一些著名品牌不仅对消费者具有强大的吸引力,而且本身就具有重要价值。比如可口可乐,即使可口可乐公司全球的工厂一夜之间全部烧毁,但只要不到几个月,它又可以重生,所有的银行都会愿意贷款给它,这是为什么?这就是因为可口可乐这个品牌本身所包含的巨大的价值。一个有着长远发展战略眼光的企业,一定会竭尽全力创造其著名品牌的。无论是塑造企业良好形象还是创造企业著名品牌,最终是离不开职工的职业道德,都需要职工良好的职业道德支撑。

商品品牌是企业形象的核心内容,是整个企业生产、经营、管理和文化的结晶。商品品牌信誉度的高低反映着企业的综合素质。因此,职工只有具备全面的良好的职业道德,在企业采购、生产、经营、销售和服务的每一环节,尽职尽责,精益求精,才能树立企业良好的形象,才能有利于创造出著名品牌。

在现代媒体如此发达的今天,一个企业或是企业员工在某一件事上的不道德的行为,可能就通过媒体在第一时间片刻之间传到世界各地,会对企业形象立马造成负面影响,这种影响往往为人们所难以预料;同样地,企业或是员工在某一件事上的高尚行为也会很快地给企业形象带来非常积极的影响。

所以加强职业道德建设是一个企业生存和发展必须要常抓必行的一项工作和任务。

 案　例

海尔集团刚生产出滚筒洗衣机的时候,广东潮州有一位用户给海尔总裁张瑞敏写了一封信,说在广州看到这种洗衣机,但是潮州没有,希望张瑞敏能帮助他弄一台。于是张瑞敏派驻广州的一位员工把一台滚筒洗衣机通过出租车送到潮州。

当出租车行驶到离潮州还有 2 公里的地方时,因为手续和证件不全被检查站扣住,最后洗衣机从车上卸下来。这个员工在路上截了许多车都没有成功,不得已,这位职工在 38 度高温下自己背着这台 75 公斤重的洗衣机上路,结果走了近 3 个小时才送到用户家里,用户还一直埋怨他来得太晚。这位员工没有吭气,立即给这个用户安装好了洗衣机。后来,这个用户得知了事情的真相,非常感动,就给《潮州日报》写了一篇稿子。《潮州日报》围绕这件事展开很长时间的讨论。海尔集团由此获得了巨大的社会声誉。

任务 4 加强职业道德修养降低产品成本、提高劳动生产率和经济效益

4.1 降低产品成本、提高劳动生产率和经济效益是企业生存和发展的必然要求

企业的经营是以满足顾客不断增长的物质需求为目的,最终获取最大的利润,企业是以盈利为目的的组织,企业的出发点和归宿是获利。所以企业一旦成立,就应该以生存、发展、获利作为管理的目标,想方设法提高企业经济效益,只有这样才会有竞争的优势,才能生存下去,才有足够的资金去发展壮大。

4.1.1 在竞争中企业要提高经济效益,可以通过各种途径,其中之一就是通过控制和降低成本,取得一定的市场份额,从而提高企业的市场竞争力

为了降低和控制成本,企业必须加强内部管理,提高经营管理水平,转换经营机制,增强全体职工的成本意识、竞争意识、节约意识,从而促进企业取得经济效益的最大化。

在当今社会,企业之间的竞争十分激烈,企业要得到生存和发展,必须改进提高经济效益、降低产品成本,从薄利多销中取得较大的利润。因此降低产品成本对企业具有重要的意义。

4.1.2 提高经济效益,还可以通过提高企业经营管理水平,提高劳动生产率,以最少的劳动消耗,生产出最多的适应市场需要的产品

劳动生产率的提高可以通过几个途径来实现。首先可以通过教育和培训提高企业员工的素质。根据联合国科教文组织提供的研究结果,劳动生产率与劳动者文化程度呈指数曲线关系,比如与文盲相比,小学毕业可提高劳动生产率 43%,初中毕业 108%,大学毕业提高 300%。对人力资源投入所产生的经济效益要比其他方面的投入产生的效益要大得多。由此,企业可以通过系统安排培训计划、建立培训激励机制、加强一线员工的培训等来提高企业员工素质,把对员工的教育培训作为一件大事来抓,对培训工作加强管理,进而提高劳动生产率。其次可以通过人员激励的途径来提高劳动生产率,我国由于原有体制的弊端,没有一个很合理的劳动、人事、分配制度,致使很多企业劳动生产率低下。据研究企业员工受到充分激励时,员工的能力可以发挥到 80%~90%、100%,甚至超水平发挥,而仅仅是保住饭碗的低水平激励状态的话,员工仅能发挥其能力的 20%~30%。随着社会的进步,员工普遍更多的会考虑到自己职业的发展,有着自我价值实现的愿景。企业可以在确定了企业的发展目标后,帮助员工实现其个人专长,使员工的素质既能符合企业不断发展的要求,同时也能促进员工的个人发展。所以建立一个有效的激励机制,通过激励,调动员工的工作积极性、创造性是提高劳动生产率的一个有效方法。再次,可以通过企业文化建设来提高劳动生产率。企业文化可以说是一个企业的灵魂,企业文化就像一根强有力的纽带,这种纽带能够把企业内部各个年龄、各个

不同层次、有着不同利害关系的人组合在一起,为共同的目标去努力工作。在这种情况下,通过企业文化提倡的很多方面,比如微软公司的文化强调智力、朝气、辛勤工作、接近顾客、远见卓识和以比尔·盖茨为榜样的创新精神;海尔文化强调的"敬业报国,追求卓越""日清日毕、日清日高""要么不干,要干就争第一"等,进而提高了企业的劳动生产率。

4.2 通过加强职业道德修养,降低产品成本, 提高劳动生产率和经济效益

4.2.1 从产品成本的构成要素着手,如何降低产品成本

从成本计算的观点来看实际成本的形成,产品成本可以分为直接成本、生产成本。原材料、燃料和动力、生产工人的工资及提取的职工福利基金、折旧、废品损失和车间费用的总和构成了车间成本。由车间成本加企业管理费、科研开发的投入,构成了工厂成本。加上利润和税金则构成产品的出厂价格。

要降低产品成本,就必须从最基本的构成要素着手。包括:

(1)降低材料采购成本、材料采购成本是指企业在供应过程中为采购材料而支出的各种费用,降低材料采购成本要从控制材料购买价格和采购费用开始。随着市场经济的发展,材料价格放开,价格灵活多变。这个时候采购人员就变得很重要,他必须通过多方调查,比质比价,掌握市场信息,在当前市场上多种价格并存的情况下,采购物美价廉的材料。同时还需要控制材料采购费用。在保证材料质量、价格合适的条件下,确定在哪里采购,如何运输,如何能省时省力省钱地采购到满足生产需要的原材料。

(2)提高产出比,争取提高原材料的使用率。制定合理的消耗定额;合理使用原材料,鼓励节约。原材料消耗量降低了,用同样多的原材料生产出更多数量的产品,产品制造成本就会降低,经济效益也随之提高。在这个过程中,如何确定消耗定额,如何鼓励节约,从而提高原材料的使用率。

(3)提高产品质量、减少废品,从而降低产品的成本。在激烈的竞争中,产品质量的保障,成本的降低使得产品更具有竞争优势,在商品竞争中性价比高的商品,必然销路好,市场份额大,获得的效益也就越大,利润就增加。

(4)从控制和降低费用入手,降低产品制造成本。这个过程需要精简管理人员,降低费用支出;通过提高企业员工生产技术水平来提高劳动生产率,从另一个方面降低成本。

4.2.2 降低产品成本,提高劳动生产率和经济效益,要求企业员工必须提高加强职业道 德修养

企业如果能有效地降低产品的成本,就可以提高产品的利润,获得较大的经济效益,从而提高产品在市场上的竞争力,保证企业的发展和繁荣。而要降低产品的成本,就要求职工必须具有较高的职业道德。

(1)企业员工具备良好的职业道德有利于减少产品的直接成本。通过培育企业员工的职业道德,让企业员工爱厂如家,那么在生产过程中他们就会自觉地倍加爱惜、保养和及时修理

厂房、机器设备等,减少耗水、耗电,延长这些固定资产的寿命;同时拥有较高的职业道德修养,企业员工会努力提高自己的专业知识水平和思想道德水平,会想方设法节约原材料的利用率;再者,通过职业道德的培育,企业员工建立起高度的敬业精神和质量意识,在工作中就会精益求精,一丝不苟,从而减少产品中的废、次品率,由此来降低产品成本。

(2)企业员工具备良好的职业道德,可以降低产品成本中的间接成本。间接成本很大一部分是管理成本,一个企业职业道德水平的高低反映着这个企业管理水平的高低。职工与职工之间、职工与领导之间、职工与企业之间如果保持协调、融洽、默契的关系,就会降低企业作为整体的协调管理费用。良好的职业道德规范了每个企业员工的职业行为,大家各司其位,各负其责,相互信任,企业既不需要处理员工之间无谓的纠纷和矛盾,职工和企业之间也没有对立和冲突,那么企业的协调、组织、管理成本将大为降低,从而整体上降低了产品的总成本,提高产品的竞争能力,获得较高的经济利益。

(3)企业员工具备良好的职业道德,可以在生产过程中给社会提供质量可靠、价格实惠的产品,在销售过程中对顾客服务热情周到、耐心细致、文明礼貌、讲求信誉,从各个方面改善提升企业形象,通过树立良好的企业形象,获得积极肯定的声誉,增强企业在社会上的可信度,进而有利于降低企业与政府、社会和顾客的谈判交易费用,获得更好的经济效益。

(4)企业员工具备良好的职业道德,就会主动学习加强自己的专业知识,充满工作热情,增强时间的观念,这样就有利于提高劳动生产率。而劳动生产率的提高,无形中就降低了产品的成本,有利于提高企业在市场上的竞争力,有利于企业获得更多的利润,反过来,又有利于提高员工的收入。

4.2.3 提高员工职业道德素质,有利于提高企业经济效益,增加企业收入

提高员工职业道德素质,有利于增加企业收入。这可以从两个方面来看。

一方面企业员工职业道德素质提高,可以降低产品的成本,提高产品的质量。员工职业道德素质的提高,使得他们提高自己的专业水平,不断改进、不断创新新的产品,提高产品科技含量,提高产品的价值。同时不生产、不销售假冒伪劣产品,始终为消费者提供高质量的商品和服务,在企业整个经营过程中积极树立良好的企业形象和品牌,提高企业的信誉,这样必然有利于企业扩大产品销售,拓展业务空间,占有更大的市场份额,结果就是企业的收入持续不断地增长。

企业员工职业道德素质低下,必然会给企业造成重大损失,严重影响到企业的经济效益,甚至是这个行业的整体经济效益,最终被市场所淘汰。这方面的案例不胜枚举。

例如,前几年,南京冠生园用陈馅翻炒制成月饼出售,事件被媒体曝光后,南京冠生园生产的月饼顿时无人问津。面对出现的危机,企业不但没有向消费者道歉,而是找各种理由推脱责任。结果,其企业形象一夜之间一落千丈,企业生产的其他产品也再没人敢要,拥有70年历史的知名企业"南冠"最终以破产收场。

2008年三鹿毒奶粉事件,同样是如此。发现了毒奶粉后,企业不是及时采取措施阻止危害的扩大,而是想掩盖真相,想大事化小,小事化了,报道后还不停地推脱责任,结果不但给广大的消费者造成严重的不可弥补的伤害,给企业自身造成破产的结果,同时在很长的时间里使得这个奶品行业整体形象下降,整个行业的效益集体下滑。

反之,一些知名企业之所以能够世界知名,与它们拥有职业道德素质高的员工密切关系。例如,大众、本田、奔驰等知名汽车公司一旦发现已销售的汽车有质量问题后,实行召回制度,不仅将其召回,无条件地维修、更换有问题的部件,完善其质量,消除安全隐患,同时更对客户深表歉意。这种召回有质量问题的汽车虽然增加了成本,但若不召回,一旦出现安全事故,公司将赔更多的钱。更重要的是,召回有质量问题的汽车,表明公司是讲诚信的,是对消费者负责的,这有利于树立公司良好的形象和信誉。从长远来看,有利于公司扩大产品的销售,为公司带来更大的经济效益,为公司带来更多的收益。

另一方面,企业员工职业道德素质提高,必然使得企业员工的服务水平不断地提高。例如,消费者在商场购物时,如果碰到职业道德素质较高的营业员,通过营业员对商品性能的熟悉、良好的服务态度,对消费者所提出的问题不厌其烦地进行解答,让消费者认识到商品的优点,无形之中增加了消费者的购买信心,从而做出购买的决定。相反,如果消费者碰到的营业员不仅不熟悉业务,而且态度不好,则消费者基本上是会放弃购买决定,进而选择其他的品牌。在当今竞争如此激烈的社会,酒香也怕巷子深,所以需要营销人员具有较高的职业道德素质,他们会采取各种有效措施促进企业产品的销售和业务的开展,增加企业收入。

 案 例

"小气""节约""以小钱办大事"也是日本企业成功的秘诀。日本企业的"小气"精神主要指勤俭、节约,对人、财、物、时间决不浪费,以小钱办大事,少花钱多办事。日本丰田汽车公司是世界性大企业,一向以"小气"闻名于世,也以"小气"获得成功:(1)抽水马桶里放三块砖,以节约冲水量;(2)笔记用纸正面写完后,裁成四段订成小册子,反面再作为便条纸使用;(3)一只手套破了,按规定只能换一只,另一只破了再换;(4)东京街头到处是丰田车,而丰田公司却在东京未设公司,原因是东京地价太贵,应酬太多;(5)丰田公司员工上班时,如要离开工作岗位三步以上,一律要跑步;(6)每次开会前贴出告示,告诉与会者一秒钟值多少钱,然后再乘以开会时间,这就是开会成本。

评 析

日本企业的成功有很多秘诀,其中尽最大可能地降低产品的成本是日本企业成功的最重要的秘诀之一。日本丰田汽车公司是世界上著名的大企业,但对人、财、物、时间决不浪费,从微不足道的公司用水、笔记用纸、劳保手套,到公司的用地、交际应酬,乃至工作、开会的时间都倍加节约和珍惜,以至于到了"小气"的地步。这在有些人看来似乎有点儿不可思议。然而,节约永远是人的美德,只有时时处处、点点滴滴都节约,才能降低产品成本,企业才能兴旺发达。没有"小气"精神和节约意识,讲排场,摆阔气,铺张浪费,不珍惜资源,不珍惜时间,任何企业在市场上都不会有竞争力,迟早都会被市场所淘汰。

任务5　加强职业道德修养促进企业技术进步

我们看到,当今社会已经是一个知识经济的社会,知识成为一个重要的生产要素,它可以提高投资的收益。在竞争激烈的市场中,企业产品的科技含量越高,利润就越高,竞争力也就越强,企业要想在这个竞争激烈的市场上站稳脚跟,顺利地发展,只靠原有的技术、老旧的产品已经不行了,必须要采用新的技术,开发新的产品。新技术、新产品的开发在一定程度上关系到企业的生死存亡,谁抢先推出新产品,谁就能占领市场,在竞争中获胜,从而获得高额利润。而企业能否开发出新技术、新产品,关键就要看企业员工是否具有创新意识、创新动力和创新能力,企业是否具有创新的氛围和具有一支稳定的富有创新素质的职工队伍。而职工如果具有了良好的职业道德,则有利于职工提高创新能力,有利于企业的技术进步。

5.1　良好的职业道德是职工提高创新意识和创新能力的精神动力

企业的生存和发展主要决定于企业是否具有创新能力,是否能开发出满足社会需求的新技术和新产品。企业职工如果对于企业有着高度的主人翁责任感,有高度的敬业精神和强烈的成才意识,能自觉把个人的发展同企业的前途紧密联系在一起,那么就会想方设法地为企业的发展着想,因为企业发展了,自己也就得到了发展。为了获得双方的共同发展,企业员工必然会增强自己的创新动力,为企业的发展做出自己的贡献。

5.2　良好的职业道德保证了企业员工能够努力钻研科学技术、革新工艺、进行发明创造

科学文化的学习、工艺设备的改进、新技术新产品的开发是非常艰苦的工作,一个人若没有坚忍不拔的顽强毅力、勇于吃苦的拼搏精神,若不能耐得住寂寞、经得起挫折,承受起世俗人的冷嘲热讽和挖苦打击,就很难从事发明创造工作,即使从事了也只能是半途而废,有始无终。尤其对于广大普通工人而言,由于他们的文化知识普遍较薄弱,再加上工作和家务的繁忙,因而他们要钻研科学技术、革新工艺、发明创造就更难,因而就更需要崇高的职业道德支撑。

5.3　良好的职业道德保证了企业各方面,特别是科学技术机密方面的保密工作

每一个企业要开发出新产品、新技术都要耗费大量的人力、物力和财力,而在当今市场竞争越来越激烈的情况下,总有一些企业想不劳而获,想采取非道德、非正常的手段,获取其他企业花费了大量精力而开发出的新技术。如果职工缺乏一定的职业道德,受利益的诱惑和驱动,就有可能背叛企业,出卖企业的科技机密,给企业带来巨额的经济损失。职工出卖商业机密,携带企业核心资料跳槽等现象屡见不鲜,这固然与我国市场经济体制不健全和法治的不完善有关,也是由于职工的职业道德的缺失。

企业生存和发展的根本在于职工,职工的综合素质高,企业在市场的竞争中就会占据优势。由于职业道德在职工的整体素质中居于主导和核心地位,对职工的综合、素质具有重要的影响和制约作用,因此加强职工的职业道德建设,有利于职工整体素质的提高,当然也就有利于企业在市场竞争中提高综合实力。所以说,职业道德建设是提高企业竞争力的有效途径。

 案　例

　　宝钢股份公司冷轧厂高级技师王康健,发现生产中经常出现乳化液造成的斑迹问题,产生大量次品,于是萌生了改造生产工艺的念头。厂里对他的创新想法给予了大力支持,派他到德国学习,又让他牵头成立技术改造小组,投入百万元进行研发。经过五年的努力,斑迹问题顺利解决,改进后的工艺还获得5项国家专利认证,坚定了他立志岗位创新的信心。30年来,王康健累计申请专利25项,被认定技术秘密75项,两次获得国际发明展览会金奖,技术秘密累计创效益2 404.77万元。

　　王康健从一个中专毕业生进入宝钢股份公司,最后成长为一个发明家,用他自己的话说,体会就是:立足平凡岗位,志在创新奉献。

项目小结

　　通过本章节的学习,从五个方面来了解职业道德是提高企业竞争力的有效途径,首先加强职业道德修养有利于提高产品和服务的质量;第二加强职业道德修养有利于企业摆脱困难,实现经营目标;第三加强职业道德修养有利于企业摆脱困难,实现经营目标;第四加强职业道德修养可以降低产品成本、提高劳动生产率和经济效益;第五加强职业道德修养可以促进企业技术进步。

思考和训练

　　1.加强职业道德可以从哪几个方面来提高产品和服务的质量?

　　2.加强职业道德是如何使企业摆脱困难,实现经营目标的?

　　3.加强职业道德修养可以从哪两个方面树立企业良好形象?

　　4.加强职业道德修养可以提高企业形象的哪几个层次?

　　5.为什么说加强职业道德修养可以降低产品成本,提高企业的劳动生产率和经济效益?

　　6.加强职业道德修养如何促进企业技术进步?

项目 **4**
爱岗敬业 诚实守信

爱岗敬业的精神基础是忠诚。忠诚,是事业天空的阳光,是心灵田园的交响。忠诚,是回报春晖的寸草,是擎起精神大厦的基桩。

爱岗敬业是企业发展的根本保障,是职工实现自我价值、走向成功的必由之路,也是社会主义职业道德建设的题中应有之义。"如果你是一滴水,你是否滋润了一寸土地;如果你是一线阳光,你是否照亮了一分黑暗;如果你是一颗螺丝钉,你是否永远坚守你的岗位?"这是雷锋日记里的一段话,它告诉我们,无论在什么样的岗位上都要发挥最大的潜能,做出最大的贡献。

爱岗敬业是全社会大力提倡的职业道德行为准则,是每个从业者都应当遵守的共同的职业道德规范。爱岗就是热爱自己的工作岗位,热爱本职工作;敬业就是要用一种恭敬严肃的态度对待自己的工作。敬业一般可分为两个层次,即功利的层次和道德的层次。在市场经济条件下,许多人是带着挣钱养家、发财致富的目的从事自己工作的,在这种情况下,敬业和自己的经济利益相联系,这时的敬业就不能不带有功利的性质。社会主义职业道德所提倡的敬业,则有着更为丰富的内容。投身于社会主义建设事业,把自己有限的生命投入到无限的为人民服务中去,是爱岗敬业的最高要求。

诚实守信是做人的基本准则,也是经济活动中应当遵守的重要的道德规范。在大力建设社会主义市场经济体制的今天,在加强职业道德建设的过程中,弘扬诚实守信的精神,无论是对于企事业单位的兴旺发达,还是对于职工个人的就业、成长、成功,都是十分重要的。

诚实,即忠诚老实,就是忠于事物的本来面貌,不隐瞒自己的真实思想,不掩饰自己的真实感情,不说谎,不作假,不为不可告人的目的而欺瞒别人。

守信,就是讲信用,讲信,信守承诺,忠实于自己承担的义务,答应了别人的事一定要去做。忠诚地履行自己承担的义务是每一个现代公民应有的职业品质。"言必信,行必果""一言既出,驷马难追"这些流传了千百年的古话,都形象地表达了中华民族诚实守信的品质。在中国几千年的文明史中,人们不但为诚实守信的美德大唱颂歌,而且努力地身体力行。

孔子早在2 000多年前就教育他的弟子要诚实。在学习中,知道的就说知道,不知道的就说不知道。他认为这才是对待学习的正确态度。

我国正在建设的是社会主义市场经济,在其运作中,既要遵守发达市场经济的一般准则,又要体现社会主义的本质要求,因而应当更加注重信用、信誉,更加关心消费者的利益。如果不守信用,不讲信誉,践踏道德,那就彻底背离了社会主义市场经济的要旨。

现代企业的从业人员要能够更好地理解爱岗敬业，诚实守信，理解市场经济是信用经济这一基本内涵，才能对自身及企业发展提供必要有效的条件。

任务 1　爱岗敬业是中华民族传统美德，也是现代企业精神

 案　例

在荷兰，一个初中刚毕业的青年农民在一个小镇找到了门卫工作，他在这个岗位上一干就是 60 年。在这个清闲的岗位上，他没有悠闲度日，而是选择了打磨镜片，一磨就是 60 年。他是那样的专注和细致，技艺超过了专业水平，磨出的复合镜片放大倍数比专业人士都高，借助他磨的镜片，他终于发现了当时世界还不知晓的另一个广阔的世界——微生物世界。

他获得了巴黎科学院院士的头衔，英国女王亲临小镇去看望他。他老老实实地把手中的镜片磨好，不仅成为了科学家，而且，因为专注和劳动，也确保了健康，他活了 90 岁。

这人的名字叫万·列文虎克。

1.1　爱岗敬业的内涵

1.1.1　什么是爱岗敬业

爱岗敬业，简单来说就是认真踏实地对待自己的工作岗位，对自己的岗位职责负责到底，无论任何时候，都尊重自己岗位的职责。

一份职业，一个工作岗位，都是一个人赖以生存和发展的基础和保障。同时，一个工作岗位的存在，往往也是人类社会存在和发展的需要。所以，爱岗敬业不仅是个人生存和发展的需要，也是社会存在和发展的需要。

只有爱岗敬业的人，才会在自己的工作岗位上勤勤恳恳，不断地钻研学习，一丝不苟，精益求精，才有可能为社会、为国家做出崇高而伟大的贡献。焦裕禄、孔繁森、郑培民等一大批党和人民的好干部都在自己的工作岗位上呕心沥血，勤政为民；当非典疫情袭来，一大批平时并不引人注目的医生、护士和科研人员，挺身而出，冒着生命危险冲上第一线，拯救了一个个在死亡线上挣扎的同胞的生命，有人还为此献出了自己宝贵的生命。

爱岗敬业，是对工作的一种基本态度。固然，拥有它并不一定能拥有辉煌和成功，但我们曾经对待自己的工作激情昂扬，曾经以积极的心态践行我们的岗位职责。工作性质和工作环境千变万化，但是坚持踏实做人，勤奋工作，爱岗敬业的宗旨永远都不会变。

爱岗敬业，是对工作的一种基本职责。"如果我是一个清洁工，那么我要让我扫过的地面成为世界上最干净的地方"，一句平凡而朴实的话却阐述了"爱岗敬业"的灵魂。世界上有许

多平凡的岗位,也有很多伟大的工作,但"平凡中孕育着伟大",能够以爱岗敬业、勤勤恳恳的心态对待自己的工作岗位,恪尽职守,尽力而为,那么即使再平凡的工作,都有可能具有卓著的贡献。

爱岗敬业,是一种基本的精神。每个工作中的人都应该有这种精神。对上级安排的工作,没有借口,没有原因,全心全意地执行。也许工作中困难重重,危机四伏,但只要心中有一个信念"一定要完成自己的工作,不达到目标决不罢休",那么"万水千山"都会被你踩在脚下。正所谓"接受工作就要接受工作的全部"。有一天,你的敬业精神达到了这种境界,那么世界上就没有你不敢接受的工作,也没有你完成不了的工作。工作在变,时代在变,爱岗敬业的精神永远不会变。

不积小流,无以成江河;不积跬步,无以至千里;无数个平凡而充实的日子才能绘出多彩人生;无数次坚持而努力的敬业工作才能使绚烂的生命之花绽放。爱岗敬业,将会使我们平凡的事业变得伟大,使我们的生活变得亮丽多彩。

1.1.2 爱岗敬业与职业

过去在计划经济体制下,我们每个人都要服从国家的分配,国家按计划把我们每个人安排到一定的工作岗位上,我们不论走上哪个工作岗位都必须要干一行,爱一行。

目前,在我国市场经济条件下,实行的是从业人员与用人单位的双向选择。这种就业方式的好处,就是能使更多的人从事自己所感兴趣的工作,用人单位也能挑选自己真正所需要的适合的人员。在社会主义市场经济条件下,双向选择的就业方式为更好地发挥人的积极性创造了条件。这一改革与社会主义职业道德基本规范要求的爱岗敬业并不矛盾。

首先,提倡爱岗敬业,热爱本职,并不是要求人们终身只能干"一"行,爱"一"行,它不排斥人的全面发展。它要求工作者通过本职活动,在一定程度上和范围内做到全面发展,不断增长知识,增长才干,努力成为多面手。我们不能把忠于职守、爱岗敬业片面地理解为绝对地、终身地只能从事某个职业,而是选定一行就应爱一行。

合理的人才流动,双向选择可以增强人们优胜劣汰的人才竞争意识,促使大多数人更加自觉地忠于职守,爱岗敬业。实行双向选择,开展人才的合理流动,使用人单位有用人的自主权,可以择优录用,实现劳动力、生产资源的最佳配置,劳动者又可以根据社会的需要和个人的专业、特长、兴趣和爱好选择职业,真正做到人尽其才,充分发挥积极性和创造性。这与我们所强调的爱岗敬业的根本目的是一致的。

其次,求职者是不是具有爱岗敬业的精神,是用人单位挑选人才的一项非常重要的标准。用人单位往往录用那些具有爱岗敬业精神的人。因为只有那些干一行、爱一行的人,才能专心致志地搞好工作。如果只从兴趣出发,见异思迁,"干一行,厌一行",不但自己的聪明才智得不到充分发挥,甚至还会给工作带来损失。

另外,现实生活中能够找到理想职业的人必定是少数的,对于多数人来说,必须面对现实,去从事社会所需要而自己内心不太愿意从事的工作。在这种情况下,如果没有"干一行,爱一行"的精神,那么你就很难干好工作,很难做到爱岗敬业。

1.2 爱岗敬业的基本要求

1.2.1 充满热情地工作

敬业首先要对工作充满热情,这是敬业的前提。热情是世界上最大的财富。它的价值远远超过金钱和权势。热情可以摧毁偏见和敌意,摒弃懒惰,扫除障碍。热情无疑是我们最重要的秉性和财富之一。不管你是否意识到,每个人都具有火热的激情,它是一个人生存和发展的根本,是人自身潜在的动力源泉。只是这种热情深埋在人们的心灵之中,等待着被开发利用。

一个优秀的员工,最重要的素质不是能力,而是对工作的热情,没有热情,工作就是一潭死水。一个热情的人会把自己的工作看成一份神圣的职责,怀着深切的兴趣,用心并且竭尽所能去完成,由于对工作的高度热情,使他们可以克服种种困难,对工作持积极的态度,从而取得成功。热情,其实就是成功之路的航标。而一个充满工作热情的人,会保持高度的自觉,把全身的每一个细胞都调动起来,驱使他完成内心渴望达成的目标。

热情是一种强劲的激动情绪,一种对人、事、物和信仰的强烈情感。罗宾斯说:"我们欣赏那些对工作充满满腔热情的人,欣赏那些将工作中奋斗、拼搏看作人生的快乐和荣耀的人。如果你不能使自己全身心地投入到工作中去,你将可能沦为平庸之辈。没有热情,军队就不能打胜仗,公务员不能处理随时发生的公共事务,商人不能到全世界做生意。"罗宾斯甚至说:"成功与其说是取决于人的才能,不如说取决于人的热情。"所以,唯有热情,方可激发你的潜能,驱使你兢兢业业地去完成工作任务。

1.2.2 敬业要求不断追求完美

其次,敬业要追求完美,这是敬业的关键。我们所指的对待完美的态度,倾向于另一种现实的角度:现实中不存在绝对的完美,但是仍应想尽办法去追求。确切地说,我们所指的完美,并不是要完美的结果,而是要追求完美这一中间的过程,并且在这样的过程中,不断进取,不断趋于完美。

那些以残缺为美丽的人,是对自己追求完美而得不到完美的一种心理安慰,甚至是自嘲自卑,是麻醉人们意志、瓦解人们精神斗志的消极的生活态度。只有为了追求完美,我们才会有积极的生活和工作态度,才会生命不止、奋斗不息;为了追求完美,我们才有百尺竿头、更进一步的理想,才有"欲穷千里目,更上一层楼"的思想境界;为了追求完美,我们才有精益求精、积极奋进的精神和愿望。

我们追求完美,才会对人生充满理想,才会有坚定的信念。正因为现实中不存在完美,所以我们才有永远追求的目标,才会为之去拼搏,去奋斗。人生的追求永无止境,完美也是没有终点的。在成绩面前,我们要再接再厉;在胜利面前,我们要戒骄戒躁,因为我们必须追求完美,否则,就停滞不前。

人生的意义本身就在于不断地追求。如果不求完美,那人生就像一潭死水,没有波澜,没有惊险,活着也仅仅是为了活着。企业的意义也是一样,如果不去追求完美,那便没有了激情,没有了活力,所以也要不断追求完美,持续改善、挑战极限,不断生产高质量的产品,不断满足人们的需要。完美并非是终点,更重要的是一种信仰。

完美虽然是一种理想主义状态,但正是这种理想,会点燃你前进道路上的灯塔。美国社会学家迪耿斯说:"你有亿万财富的梦想,一个百万富翁就会等待你。"

追求完美,就是要做好每一件点滴之事,正所谓细节决定成败。我们每个人如果都发扬敬业精神,让每个岗位上的工作都闪亮发光,那么,这些光点聚集起来,我们的职业将会在职业的星海中熠熠生辉。

1.2.3 敬业就要有奉献精神

敬业还要讲求奉献,这是敬业的根本。"春蚕到死丝方尽,蜡炬成灰泪使干。"这一千古绝唱,是奉献精神的生动写照。绵延五千多年,中华民族发展过程中,做出巨大贡献的人层出不穷、史不绝书。鲁迅说得好:"我们自古以来,都有为民请命的人,有埋头苦干的人,有拼命硬干的人,有舍身求法的人……虽是等于为帝王将相作家谱所谓的'正史',也往往掩不住他们的光耀,这就是中国的脊梁。"或许有的人会说:"那些英雄名士离我们太遥远了。"但是如果没有奉献精神,一味地索取,敬业就成了空谈。

爱岗敬业应是一种普遍的奉献精神。从一个城市来说,没有人当市长是不行的,同样,如果没有人去扫地、清除垃圾也是不行的。想当市长的人比比皆是,想扫地的人必定为数不多。但在一个城市里,市长只需要一人,清洁工人却需要几百人、几千人,甚至几万人。无论是心甘情愿的,还是不得已而为之的,只要是在自己既得的工作岗位上认真负责,尽心尽力,遵守职业道德,这就是一种普遍的奉献精神。在我们国家,如果大大小小的公务员、企事业单位职工、私营企业主、个体户都能够表现出这种奉献精神,人民就会更加富裕,国家也会更加强盛。

案 例

诺尔曼·白求恩1890年出生于加拿大安大略省格雷文赫斯特镇。1916年毕业于多伦多大学医学院,获学士学位。1935年被选为美国胸外科学会会员、理事。他的胸外科医术在加拿大、英国和美国医学界享有盛名。

白求恩1935年加入加拿大共产党,1936年冬志愿去西班牙参加反法西斯斗争。中国抗日战争爆发后,为了援助中国人民的解放事业,1938年3月,他受加拿大共产党和美国共产党派遣,率领一个由加拿大人和美国人组成的医疗队来到延安。白求恩积极投入到组织战地流动医疗队出入火线救死扶伤的工作中,为减少伤员的痛苦,也为了降低残疾发生的概率,他把手术台设在离火线最近的地方。他提议开办卫生材料厂,解决了药品不足的问题;创办卫生学校,培养了大批医务干部;他还编写了多种战地医疗教材并亲自讲课。他拒绝了很多特殊的照顾,他的牺牲精神、工作热忱、责任心,均称模范。白求恩以年近50之躯,多次为伤员输血,一次竟连续为115名伤员做手术,持续时间达69个小时。

1939年10月下旬,白求恩在河北省涞源县摩天岭战斗中抢救伤员时左手中指被手术刀割破,但他不顾伤痛,发着高烧,坚持留在前线指导战地救护工作。他说:"你们不要拿我当古董,要拿我当一挺机关枪使用。"后终因伤势恶化,转为败血症,医治无效,于11月12日凌晨在河北省唐县黄石口村逝世。临终前他讲的最后一句话是:"努力吧！向着伟大的路,开辟前面的事业!"

1.3　爱岗敬业是中华民族传统美德和现代企业精神

1.3.1　爱岗敬业是中华民族的传统美德

在中国历史上,第一个提出爱岗敬业的当属孔子。他认为,无论为人还是做事都应该"敬事而信"。朱熹曾说:"敬业何？不怠慢、不放荡之谓也。"这里的"敬事""敬业"都是指爱岗敬业,在工作中聚精会神、全心全意。这种"不怠慢、不放荡"的职业态度和敬业精神,是从业人员搞好本职工作所应具备的起码的思想品格,也是产生乐业的思想动力。敬业和爱岗是相互联系的,俗话说:热爱是最好的老师,人只有对自己的工作注入无限热爱,才能做好本职工作,敬业也才有了心理基础和依托。因此可以说,爱岗是敬业的感情铺垫,敬业是爱岗的逻辑推演。

中国古人提倡爱岗敬业的原因很多。有的人讲爱岗敬业是出于求生存的原因,因为只有好好工作才能赚到一份家业,或保住已有的家业,而有一份家业才能生存,这是出于功利的追求;还有一部分人讲敬业是出于对神明的信仰,认为各行各业都是神明所创,劳动资料都是天地所赐,如果不好好工作,就是浪费材料,暴殄天物,对不起神明和天地;还有一部分人讲爱岗敬业是出于对所从事职业的兴趣和癖好,他们把自己的职业当作事业去经营,当作生命去珍爱,并从中体会人生的乐趣和价值;绝大多数人讲爱岗敬业是由于他的职业道德所致,他们认为,各行各业都有利济苍生的作用,如果做不好,不仅于己无益,于人有害,而且不利于道德品质的培养和良好道德习惯的养成。中国有句话叫做"一致而百虑,殊途而同归"。不管出于什么原因,上述种种都主张爱岗敬业,把事情做好。随着历史的发展,职业分工的细化和人类认识能力的提高,人们剔除了对于行业的迷信因素,这样爱岗敬业就逐渐成为每一个从业人员的职业要求和中华民族的传统美德。

案　例

历史上有一个庖丁解牛的故事,说的是庖丁替文惠君宰牛,手所触,肩所倚,足所踩,膝所抵处,都发出砉砉的响声,而这响声,既符合于桑林舞曲的节奏,又合于经首乐意的韵律。文惠君说:"啊！好极了！你的技术怎么达到如此神奇的地步?"庖丁放下屠刀回答说:"我开始宰牛时,映入我眼帘的都是一头头整牛。几年之后,就不曾看到整体的牛了。现在,我只用心领会而不用眼睛去观看,器官的作用停止而只见心神在运用。顺着牛体自然的生理结构,劈开筋肉隔膜,导向骨节的空隙,我从没有碰撞过经络结聚的部位和骨头紧密相连的地方,更不用说去碰那些大骨头了。好的厨师一年换一把刀,他们是用刀去割筋肉;普通的厨师一个月换一把刀,他们是用刀去砍骨头;现在我这把刀已经用了 19 年了,所解的牛有几千头了,可是刀刃锋利得就像刚从磨刀石上磨过一样。这是为什么呢？因为牛骨节是有间隙的,而刀刃是没有厚度的,以没有厚度的刀刃切入有间隙的骨节,当然是游刃有余了。尽管如此,可是遇到筋骨盘结的地方,我知道不容易下手,于是就特别小心谨慎,眼神专注,手脚缓慢,刀子微微一动,牛就哗啦解体了,如同泥土溃散落地一样,牛还不知道自己已经死了呢!这时我提刀站立,张望四方,感到特别心满意足。"

庖丁解牛的故事告诉人们:无论从事什么职业,只要热爱有加,诚敬专一,总能把工作做好。庖丁热爱解牛,已经进入了"艺"的境界,所以他才能够以一种喜悦、自豪的心情对梁惠王叙述自己的工作过程。正是因为这份热爱,他才会有工作结束时那种"提刀而立,为之四顾,为之踌躇满志"的心理满足。庖丁对自己的工作是诚敬专一的,正因为如此,他才会几年如一日,勤学苦练,对牛的结构了如指掌,进入"以无厚入有间,恢恢乎其于游刃必有余地乎"的工作境界。

1.3.2 爱岗敬业是现代企业精神

党的十五大报告指出:要使经济建设真正转移到依靠科技进步和提高劳动者素质的轨道上来。也就是说,随着知识经济时代的临近,人的因素越来越成为企业实现自己战略目标的关键因素。不论是什么类型的企业,也不管企业规模的大小,企业员工的素质都将决定着企业的兴衰与成败。随着市场竞争的不断加剧,特别是"买方市场"的出现,任何企业要想在市场上站稳脚跟并得以扩张,就必须提高产品的质量、降低成本、不断地开发新技术、新产品,而这所有的一切,都有赖于劳动者素质的提高。因此,许多企业非常重视员工培训以提高劳动者素质。

劳动者素质是一个多内容、多层次的系统结构,主要包括职业道德素质和专业道德素质。职业道德素质包含的内容也很多,其中爱岗敬业的职业态度和职业精神就是一个非常重要的内容。目前,国内外许多现代化企业都把对员工进行爱岗敬业教育作为一项企业精神来建设。这不仅能合理开发企业的人力资源,还会大大提高企业在市场中的总体竞争能力。

 案 例

古井酒厂,建成初期,共有 32 名员工,12 间简陋厂房,1 口酿酒酒瓶,7 个发酵池。目前,古井酒厂已发展成为以名优白酒生产为龙头、致力于多元化经营和国际化发展、集科工贸为一体的大型集团公司,拥有 50 多家子公司,6 000 余名员工,约 25 亿元总资产、15 亿元净资产。特别值得一提的是,在古井集团从传统的手工酿造作坊向先导多元化经营的企业集团的发展过程中,独具特色的古井文化扮演着非常重要的角色。其中"三层文化"建设对于古井人的职业道德,激发古井人的爱岗敬业精神有着非常重要的作用。古井人的"三层文化"建设包括以下内容:精神文明层面上,古井人以"提高广大人民的生活质量,建设'富有、文明、民主'的新古井"的经营哲学思想为指导,以"爱国、爱厂、爱岗位"的爱国思想和敬业精神塑造企业全体员工的灵魂,树立企业的精神支柱。在制度文化层面上,古井人极力强化制度建设,先后制定了《生产工艺法规》《产品质量法规》《现场管理法规》等 15 种企业内部规章制度,以约束员工行为,维护企业经营活动的正常活动的正常秩序。在物质文化层次面上,古井人在厂容、厂貌、产品构成和包装、装备特色、建设风格、厂旗、厂服、厂标、纪念性建筑物等方面大做"文化"文章,创建了"花园式工厂""古井亭""古井""古槐""古井文化博物馆",向人们展示了千年古井酒文化的历史源源。

由上述案例可以知道,古井集团的文化建设包括三个层面:精神文化层面、制度文化层面和物质文化层面。他们把"爱国、爱厂、爱岗位"的爱国思想和敬业精神作为企业精神文明建设的主要内容和企业运营的精神支柱,这充分表明了古井集团对爱岗敬业这一现代企业精神的深刻领悟。古井人知道,企业要生存发展,必须有一支与企业休戚与共、同舟共济的稳定的职工队伍,只有企业员工在生产劳动中爱岗敬业,企业才有活力,才有创新竞争力和成功的希望。我们知道,21世纪是人才竞争的世纪,现代化企业的竞争,是科学技术的竞争,是资金的竞争,更是人才的竞争。以培养职工的职业道德为内容之一的人力资源管理就是把大企业的员工当作一种能使企业在激烈的竞争中生存和发展,始终充满生机和活力的特殊资源,进行刻意的挖掘和科学的管理。这种从强调对物的管理到强调对人的管理的转化是管理领域一个划时代的进步,这种培养和调动企业员工爱岗敬业精神的企业文化建设是由传统管理迈向现代管理的一个重要表征。

任务2 认识爱岗敬业、诚实守信与职业选择和职业理想的三个层次

案 例

有一个年轻人跋涉在漫长的人生路上,到了一个渡口的时候,他已经拥有了"健康""美貌""诚信""机敏""才学""金钱""荣誉"七个背囊。渡船出发时风平浪静,说不清过了多久,风起浪涌,小船上下颠簸,险象环生。艄公说:"船小负载重,客官须丢弃一个背囊方可安渡难关。"看年轻人哪一个都不舍得丢,艄公又说:"有弃有取,有失有得。"年轻人思索了一会儿,把"诚信"抛进了水里。

艄公凭着娴熟的技术将年轻人送到了彼岸。艄公淡淡地说:"年轻人,我跟你来个约定:当你不得意时,就回来找我。"年轻人随意地答应着,却不以为然。他以为,有了身上的六个背囊,他是不会有不得意的一天。

不久,他就靠金钱和才学拥有了自己的事业;凭着荣誉和机敏,他睥睨商界,纵横无敌;而健康和美貌更是令他春风得意,娶得如花美妻。他逐渐地忘记了摆渡的艄公,忘记了被抛弃的"诚信"。

最近,已到中年的他无数次在梦里惊醒。但这次却是电话铃声叫醒,电话那头传来惊恐急躁的声音:"老大,我们这边现在不能动手,请指示。"他似乎也开始慌张失措:"无论什么原因,都必须按原计划进行!"也不知怎么挂的电话。多年来,他欺骗了所有的人,包括他的对手和亲人;他多次将商品以次充好,他承包的建筑全是豆腐

渣工程;他透支着他的荣誉和才能,劝说身边所有人投资于他,却把资金用于贩卖毒品和军火走私;他出入高楼大厦,天天酒池肉林,热衷于夜生活,他的健康和美貌悄然飞逝;他一掷千金,豪赌无度,他背负妻子,频频外遇。

这所有的一切都是因为他没有诚信!因为没有诚信,他失去荣誉、金钱以及他的事业、爱情等一切,这时,他想起了艄公的话。从监狱里出来,他直奔渡口。艄公已不在,只有那里一条小船依稀当日模样。那时的年轻人也已垂垂老矣。

从此,渡口多了一个老艄公,无人过渡时,人们总能看到他独自摇晃在风浪中,似乎在寻找着什么。

2.1　诚实守信的内涵

"诚""信"都是古老的伦理道德规范。诚,就是真实不欺,尤其是不自欺,它主要是个人内持品德;信,就是真心实意地遵守履行诺言,特别是注意不欺人,它主要是处理人际交往关系的准则和行为。从二者关系来看,诚实是守信的心理品格基础,也是守信表现的品质;守信是诚实品格必然导致的行为,也是诚实与否的判定依据和标准。总之,作为一种职业道德规范,诚实守信就是指真实无欺、遵守承诺和契约的品德及行为。这种内持品德及其践履行为,是市场经济活动得以正常进行的重要道德保障之一。

2.2　诚实守信的基本要求

2.2.1　诚实劳动

诚实劳动就是把积极、实干、创造的精神,通过物化劳动,即劳动成果,转化为经济效益的物质财富和社会效益的精神财富,或者以为他人提供了实实在在的某种服务为表现形式。诚实劳动既是个人的谋生和获取消费资料的手段,又是做出社会贡献,实现自我社会价值的重要途径,是实现自我价值和社会价值的和谐统一。

目前劳动主要是人们谋生的手段,是为人们换取与自己劳动相当的报酬,提供个人及家庭生活用品,改善生活条件。但劳动中也存在诚实劳动和不诚实劳动,以诚实劳动为企业和为人民服务,是每个员工必须遵守的职业道德,诚实劳动具体表现为:

第一,出工应出力。从事某种工作,每日不仅要按时出勤,还要主动去做份内的工作,在其位就要谋其政,而每天按时出勤,但又不去做份内的事,那就是不诚实劳动,是一种投机取巧的态度。又如从事一线生产的员工,同在一个企业生产同一种产品,同样的工作时间里,有的人就生产得多,有的人就生产得少,这里排除劳动熟练程度的差异,就是一个劳动态度的问题了,对待工作认真负责的人会更多地生产出质地优良的产品,以诚实的态度去工作,就会创造更多的价值。

第二,不缺斤短两。提到"缺斤少两",人们还只会想到小商贩在叫卖蔬菜瓜果时在秤杆上耍的伎俩。但现在其他领域也出现了这样的现象,并不局限于原来概念上的"斤两",或是产品的虚假宣传,或是服务的不周全都是现代意义上的"缺斤少两",比如在家电领域,消费者已经经历了"缺斤少两"。曾经就有过这样的报道:北京一位妇女因为液晶彩电尺寸缩水的情况进行投诉。近期以来,冰箱的容积、洗衣机的容量缩水的问题已经屡见不鲜。因此,生产者在生产中要把紧生产关,销售中更应该将产品实际情况告之消费者,不以虚假欺骗来获利。

第三,不以次充好。所谓"以次充好"是指生产者、销售者以低档次、低等级的产品冒充高档次、高等级的产品,用废旧产品冒充完好产品进行商业欺骗的行为。这些行为,严重地损害了广大消费者的合法权益,危害性极大。法律明确规定,生产者不得以假充真、以次充好,因为任何一种产品都直接或间接地关系到人们的生命和财产安全,生产者在生产时只有生产货真价实的产品,才能真正保证消费者的合法利益。我国近年来查处的大量生产假名牌产品以及各种不符合基本标准的劣质产品等等,它们本身是有一定的使用价值的,但这些产品打着名牌产品的旗号,冒充名牌,就是以次充好。不以次充好就是为消费者提供产品,时刻都要牢记以人为本,以满足顾客需求和最大限度地提供优质产品为工作的基本要求。

2.2.2　树立产品质量意识

第一,产品质量是企业的生命。

首先,要了解生产产品所要达到的质量和规格要求。不同的企业提供不同的产品,不同的消费者在选择产品的时候也有自己的选择标准,但其实影响消费者选择的主要因素除了消费者自身的需求以外,更加重要的就是该产品的质量。在生产产品时,最重要的就是要按照质量和规格去生产,以严格的要求来实现产品质量的优化。

其次,要遵守生产操作规程。生产操作规程是企业根据本单位生产的实际情况,所制定的有关生产的具体制度。由于生产规程是根据本单位的实际制定的,针对性较强,对生产产品有特殊规范性。

最后,要精益求精、严把质量关。不同的消费者在选择产品的时候也有自己的选择标准,但决定因素除了消费者自身的需求以外,最重要的就是该产品的质量。一个优质的产品是在生产过程中形成的,这就要求员工在生产中要严把产品质量关,生产优质产品。

第二,产品质量是衡量一个社会经济发展成熟度的重要标志。

当前,我国经济已进入一个新的发展阶段,很多商品已由卖方市场转为买方市场,这时的主要任务不仅是生产产品,而是生产优质产品。在经济全球化的今天,市场已经不再局限于一国之内,更多的国际贸易往来使企业在各个方面都面临前所未有的挑战。提高产品质量,既是满足市场需求、扩大出口的关键,也是一个社会经济发展成熟度的体现。产品质量是一种技术实力提升的表现,优质产品带来的社会效益并不仅仅体现在生产和销售的过程中,它给社会中每个消费者都带来直接或间接的效益,使整个社会的发展以较少的投入收获相对多利益,并在整个社会生产过程中形成经济增长的良性循环。

2.2.3　遵守合同和契约

近几年来,我国劳动用工制度日益走向契约化,越来越多的从业人员在职业活动中都要履行契约、依法办事,而是否履行契约、依法办事是从业人员是否忠诚所属企业的一个重要表现。

第一,树立维权意识。

劳动合同和契约是从业者的切身利益的保障,遵守合同和契约可以维护从业人员的各项合法权益。在当前用工制度中各项配套制度及监督机制尚不十分健全,许多不法商家和企业往往钻法律的空子,损害职业人员的利益,从业人员更应该增强契约意识和法律观念,自觉遵守合同和契约,用合同和契约保护自己的合法权益不受侵犯。

用合约保护自己的合法权益不受到侵害,是员工的基本权利,但因为合约是由劳资双方共同签订的,在履行合约中就要涉及维护双方的共同利益。劳动用工制度契约化,使劳资双方都享受一定的权利,也相应要承担一定的义务。有的劳动者因工作需要,了解或掌握了本企业的技术信息或经营信息等资料,无意间泄露了企业的秘密,或为谋利而泄密,依据合同的保密要求就要受到相应的制裁。履行和遵守合同是对企业和员工双方长远利益的保护。

第二,自觉遵守合同和契约。

劳动合同和契约是保护员工和企业共同利益的有效途径,每一个忠诚所属企业的员工,都应该自觉从企业利益和个人利益相统一的高度,维护劳动合同和契约的权威性。如果从业人员都不遵守劳动合同和契约,企业就会陷入无休止的劳动用工法律纠纷之中而无心进行生产,从业人员的利益必然受到损害,个人的追求和价值也无法实现。

劳动合同和契约必须是合法和有效的。这就是说劳动合同的签订,契约的确立必须是建立在双方平等自愿的基础上定立的,不能有欺骗和强迫行为,合同和契约签订的双方必须要诚实守信;必须遵守相关法律条文和劳动法规,不得违背法律;同时还必须考虑合同和契约的社会影响,要保护劳动者的合法权益。

2.3　诚实守信对为人处世至关重要

2.3.1　诚实守信是为人之本

俗语说的好:"一言既出,驷马难追""许人一物,千金不移""人无诚信不立"。可见,做人要讲究诚实守信。那么,做人为什么必须诚实守信呢?

首先,做人是否诚实守信,是一个人品德修养状况和人格高下的表现。"诚""信"原则历来被古今中外的人们视为衡量一个人品德修养状况和人格高下的重要标准。中国古代的"五常"伦理中,就包括"信"的原则;中国人至今把那些一言九鼎、严守诺言的人,称为"信士",这是一个极高的美誉。相反,那些不诚实的人,不守信用的人,就会被人们所厌恶,在人格上被人看不起。英国思想家威廉·葛德文说:"人们应该学会真诚对人。没有任何一种美德比表里如一更加重要了。一个人习惯于说他明明知道的假话,或者掩盖他明明知道的真相,必定处于一种不断堕落的状态之中。"

其次,做人是否诚实守信,是能否赢得别人尊重和友善的重要前提条件之一。人际关系总是相互的,你尊重别人,别人就会尊重你,你对别人友好,别人就会对你友善。诚实待人,凡事讲信用,守诺言,就是对别人尊重与友好的表现。对他人诚实就是信赖对方、尊重对方,只有这样,对方才会尊重和信赖你,与你友好相处。要赢得别人的信赖和尊重,就必须言行一致,表里如一。

通过上述分析,我们可以清楚地看出,坚持诚实守信原则是做人的根本。

2.3.2　如何成为诚实守信的人

(1)要能够正确对待利益问题。

在市场关系中是否诚实守信的问题,实质上隐含的潜台词就是如何对待利益、如何获取利益的问题。在市场经济活动中,人们致力于获取利益,实现利益最大化,这是天经地义的。问题在于怎样追求利益,通过什么手段和途径来获取利益。

首先,要正确对待自我利益与他人利益的关系。市场经济活动主要是人们之间的经济交往活动。在这种经济交往活动中,交往的双方都有自己特定的需要,都要实现自己特定的利益,因此,需要的满足和利益的实现就成为双方共同的目的,也是双方各自追求的共同契合点。自己利益的实现和他人需要的满足互为前提。这是诚实守信的人在交往中一贯坚持的原则。

其次,正确处理眼前利益和长远利益的关系问题。市场经济活动是人类社会的基本活动,职业经济人绝非偶尔涉足经济交往,而是将其作为终生的事业,因此,他们在经济交往过程中,就不仅要考虑当下的眼前利益,还要考虑未来的长远利益,而且任何一个有理智的人都应该明白这二者孰轻孰重,也就知道该如何抉择。而那种不守信用的人,可能一时侥幸,逃脱了法律的制裁,也可能偶尔在一两次经济交往中得到好处,但其不讲诚信的劣迹,迟早要大白于天下,到那时,即使司法部门不追究他的法律责任,他的经济活动也将陷入困境。

可见,无论是一个有志于参与经济交往事业,还是从事其他事业的人,都要善于摆正自我利益与他人利益、眼前利益与长远利益的位置,否则,就将顾此失彼,因小失大,最终受损失的还是自己。

(2)要开阔自己的胸襟,培养高尚的人格。

人生在世,应该襟怀坦白、心胸坦荡地做事,这是诚实守信之人的处世方式。因为只有这样,才能陶冶自己的情操,养成高尚的人格,更好地实现人生的价值。退一步讲,即使你没有那么高远的人生追求,仅从你的切身利益考虑,这样做至少对你建立和谐的人际关系及经济交往关系也是十分有利的。

(3)要树立进取精神和事业意识。

无论是前面讲的两对利益关系矛盾的正确处理,还是个人胸襟的开阔和高尚人格的培养,都不是抽象的、孤立的存在物,它们通常寄寓在个人开拓事业、奋发进取的人生实践中。也就是说,只有那些有志于成就伟大事业,在人生道路上积极进取的人,才能真正处理好自我利益与他人利益、眼前利益和长远利益的关系,才能真正怀有开阔的胸襟、形成高尚的人格。

任务3　认识市场经济是信用经济对为人处世 至关重要诚实守信的具体要求

3.1　信用经济的内涵

信用即遵守诺言,践行成约,以取得他人的信任。具体到经济活动中,信用表现为参与各种活动的有关当事人履行合约的可能性。

而所谓的信用经济,是相对于自然经济和货币经济的一个概念。通俗地说,自然经济时代在交易上最大的特征是"以货易货,物物交换",货币经济时代在交易上的最大特征是"一手交钱,一手交货",而在信用经济时代,现金交易大量地被信用交易所取代。根据发达国家的经验,在人均GDP达到2 000美元时,该国或地区开始进入简单信用经济阶段,即由货币经济时期转为信用经济时期。目前,我国的东南沿海发达地区已经有一些城市跨过了信用经济的门槛。

信用经济要求企业充分合理地利用"信用"进行交易。信用包含了两层含义:一是我们对待自身的信用,主要是确立信誉(即保持和维护自身的高资信级别),扩大信用交易,发展壮大自己;二是我们对待他人的信用,比如企业对经销单位的信誉予以确认,对其授信(即授予赊购额度),进行赊销,扩大销售规模。

信用经济的特点:

(1)信用关系无处不在,现代经济关系的方方面面、时时处处都打着债权债务的信用关系的烙印,商品货币关系覆盖整个社会。货币从金属货币发展为信用货币,持有货币就是拥有债权,也就意味着信用关系覆盖着整个社会。不仅在发达工业化国家,就是在发展中国家,债权债务关系的存在,都是极其普遍的现象。对于企业经营单位,借债与放债,都是不可缺少的。在国内的经济联系中是这样,在国际经济联系中更是这样。政府几乎没有不发行债券的;而各国政府对外国政府,往往是既借债又放债;银行通过办理个人储蓄,吸收企业、政府存款,发放贷款来促进国民经济发展;个人依靠分期付款购买耐用消费品及房屋。在经济不发达的过去,负债是不光彩的事情,现在则相反,若能获取信贷,正说明有较高信誉。

(2)信用规模日趋扩张,并加速扩张,这是信用经济发展的必然结果。在经济生活中的主体拥有债权债务的规模和数量在年复一年地加速扩张,这是经济扩张的结果,是人类财富积累的结果。国家、企业和个人每个主体都在增长。债台高筑是信用经济不断发展的必然结果,这已不是贬义词。

随着信用经济的发展,为了规避风险,大量信用工具和衍生工具产生,使得信用关系和信用结构的复杂化。你中有我,我中有你,信用网络越结越复杂。信用活动同时就是交易活动,任何一个买卖都是信用重新变动的关系,这种变化每时每刻都在进行。

3.2 信用是市场关系的基本准则

商品交换是以社会分工为基础的劳动产品交换,其基本原则为等价交换,交换双方都以信用作为守约条件,构成互相信任的经济关系。假如有一方不守信用,等价交换关系就会遭到破坏。随着交换关系的复杂化,日益扩展的市场关系便逐步构建起彼此相联、互为制约的信用关系链条,维系着错综繁杂的市场交换关系和正常有序的市场秩序。可见,从最初的交换到扩大了的市场关系,都是以信用为基本准则的。没有信用,就没有秩序;没有信用,就没有交换、没有市场,经济活动就难以健康发展。

历史和现实还进一步表明,市场经济愈发达就愈要求诚实守信,这是现代文明的重要基础和标志。而信用的缺失会破坏正常的市场秩序;影响市场体系成长;并将阻碍国民经济市场化的进程。

信用是一种可以利用的资源,可以用来融资、理财、配置资源等。计划经济时代,社会上绝大部分信用都是国家给的,企业和个人的信用被掩饰了。在市场经济活动中,个人和企业之间面临大量的经济交往,信用就显得特别重要。随着社会主义市场经济的发展,以资信、产品质量、服务为主体的企业信用体系,越来越成为现代企业生存和发展的必要条件,近年一些大企业的迅速崛起,无不证明了这一点。

进而言之,信誉又是一般信用的升华。诚实守信能够在市场中享有崇高的声誉,这种声誉会形成无形资产,是现代市场经济运行中一种重要的新的资本形态,它蕴含着丰富的文化内涵,标志着企业和产品的崇高品位。所谓名牌效应,也就是信用精神在企业和产品中的凝结,名牌产品不但其使用价值(质量、花色、款式、性能等等)可靠,而且成为一种文化品位的标志。名牌产品的生产经营往往长盛不衰、获利丰厚。

从一般意义上说,信誉是人类道德文明的果实,是市场经济必备的道德理念;从特殊意义上说,信誉又是一个企业、一个地方乃至一个国家的精神财富和价值资源,甚至能够成为一种特殊的资本。因此,要发展社会主义市场经济,就必须在广泛倡导信用精神的基础上培植和维护信誉,这样才能以良好的形象在激烈的国内外市场竞争中立于不败之地。

我们还可以从以下三个方面认识市场经济是信用经济这一基本内涵:

(1)这是由现代经济的运作特点决定的。首先,现代经济从本质上看是一种具有扩张性质的经济,这个经济体不止利用有限资源开发产业,运作企业,更多的时候,它需要借助负债去扩大生产规模、更新设备、改进工艺、推销产品。其次,现代经济中债权债务关系是最基本、最普遍的经济关系。绝大多数企业和个人在有绝佳投资机会的情况下,不会因为缺少资金而坐等机会丧失,相反,有资金盈余的企业和个人也不会因为没有上好投资机会便认可资本损失。经济有效地寻求投资与筹资渠道,是现代经济的基本观念。经济越发展,债权债务关系就越紧密,就越成为经济正常运转的必要条件。再次,在现代经济中,信用货币是整个货币群体中最基本的形式。它通过资产与负债将银行同各个经济部门、行业、企业紧急联系在一起,信用关系成了无所不在的经济关系。

(2)从信用关系中的各经济部门来分析,任何经济部门都离不开信用关系。不管是个人、企业、政府、金融机构,或者外资企业以及其他的国外部门都没能例外。说明信用关系成了社会生活中最基本和最普遍的关系。

(3)从信用对现代经济的作用来看,虽然有时会有副作用,但主要还是发挥了积极的推动作用。这些作用由于其不可替代性,使信用成为现代经济发展的原动力。

3.3 信用对现代经济发展的双面作用

现代经济发展中信用具有双面作用,一是积极的推动作用,二是消极的负面作用。

信用对现代经济发展的推动主要表现在:(1)信用保证现代化大生产的顺利进行。社会化大生产总体运行中,各企业需要保持生产的连续性,客观上必须利用信用,借入资金。所以,信用可以从资金上为现代化大生产顺利进行提供条件。(2)在利润率引导下,通过信用实现资本转移,自发调节各部门的发展比例。平均利润率规律在商品经济条件下是普遍适用的,因为等量资本要占有等量利润。而利润率的平均化是以资本自由移动为条件的。通过存贷款可以随时转移货币资本的使用方向。信用使资本在不同部门之间的自由转移,导致了各部门利润率趋向相同水平,从而自发调节各部门的发展比例。(3)信用可以节约流通费用,加速资本周转。在信用制度基础上产生的信用流通工具代替金属货币流通,甚至用电子计算机代替现金流通,节约了社会流通费用。信用加速了商品价值的实现过程,因为企业向商店提供信用,先把商品转让给商店,等商店销售完成或有贷款时再付款,就可以大大加快产品的销售速度。(4)信用为股份公司的建立和发展创造了条件,股份公司是通过发行股票建立起来的,股票要发行出去,必须有大量的投资者购买股票。同时,股票是没有偿还期的,必须借助于信用方式保持其流通性。信用聚集资本,扩大投资规模的作用通过股份公司的形式也得到充分发挥。

信用的负面影响主要表现在泡沫经济上,泡沫经济是伴随着信用的发展出现的一种经济现象。在泡沫经济中依靠信用制度造成虚假需求,虚假需求又推动了经济虚假繁荣,导致经济过度扩张。当信用扩张到无法支撑经济虚假繁荣时,泡沫就会破灭,并由此引发金融市场的动荡,甚至导致金融危机和经济危机。另外,信用也使经济运转过程复杂化,并可能导致供求脱节。因此在发挥信用各种作用的同时,必须把握一个适度的问题,要将信用活动建立在真实的社会再生产活动之上,信用膨胀和过度投机就能够得到有效的监管和控制,就能有效避免泡沫经济的出现。

项目小结

爱岗敬业,简单来说就是认真踏实地对待自己的工作岗位,对自己的岗位职责负责到底,无论任何时候,都尊重自己岗位的职责。爱岗敬业,是对工作的一种基本态度;爱岗敬业,是对工作的一种基本职责;爱岗敬业,是一种基本的精神。爱岗敬业要求我们充满热情地去工作;不断追求完美;具有奉献精神。敬业首先要对工作充满热情,这是敬业的前提;其次,敬业要追求完美,这是敬业的关键;敬业还要讲求奉献,这是敬业的根本。爱岗敬业是中华民族传统美德和现代企业精神。

"诚""信"都是古老的伦理道德规范。诚,就是真实不欺,尤其是不自欺,它主要是个人内持品德;信,就是真心实意地遵守履行诺言,特别是注意不欺人,它主要是处理人际交往关系的准则和行为。从二者关系来看,诚实是守信的心理品格基础,也是守信表现的品质;守信是诚实品格必然导致的行为,也是诚实与否的判定依据和标准。诚实守信要求诚实劳动;树立产品质量意识;遵守合同和契约。诚实守信是为人之本。首先,做人是否诚实守信,是一个人品德修养状况和人格高下的表现;其次,做人是否诚实守信,是能否赢得别人尊重和友善的重要前提条件之一。

市场经济是信用经济。信用即遵守诺言,践行成约,以取得他人的信任。具体到经济活动中,信用表现为参与各种活动的有关当事人履行合约的可能性。而所谓的信用经济,是相对于自然经济和货币经济的一个概念。信用经济的特点:(1)信用关系无处不在,现代经济关系的方方面面、时时处处都打着债权债务的信用关系的烙印,商品货币关系覆盖整个社会;(2)信用规模日趋扩张,并加速扩张这是信用经济发展的必然结果。现代经济发展中信用具有双面作用,一是积极的推动作用,二是消极的负面作用。信用对现代经济发展的推动主要表现在:(1)信用保证现代化大生产的顺利进行;(2)在利润率引导下,通过信用实现资本转移,自发调节各部门的发展比例;(3)信用可以节约流通费用,加速资本周转;(4)信用为股份公司的建立和发展创造了条件,股份公司是通过发行股票建立起来的,股票要发行出去,必须有大量的投资者购买股票。信用的负面影响主要表现在泡沫经济上,泡沫经济是伴随着信用的发展出现的一种经济现象。

思考和训练

1. 简述爱岗敬业的基本要求。
2. 简述如何成为诚实守信的人。
3. 简述信用经济的特点。
4. 简述信用对现代经济发展的推动作用的表现。

项目 **5**
职业素养概述

在了解职业素养之前,应该首先弄清楚什么是职业?

追溯人类的发展可以看到,原始社会后期,人类出现过两次社会大分工:第一次是农业与畜牧业的分离——于是有了农民和牧民;第二次是农业与手工业的分离——于是又有了手工业者。社会大分工业催生了商人的出现——专门从事物物交换的中间人,以及最早的商业。随着社会分工越来越细化,职业也越来越多。可见,是社会分工造成了职业的划分,因此,职业是指由于社会分工而形成的具有特定专业和专门职责、并以所得收入作为主要生活来源的社会活动。职业是在人类社会出现分工之后产生的一种社会历史现象。

职业的本质是人创造物质财富与精神财富的社会活动。职业活动的进行和实现除了必需的社会条件,还需要有个人知识、才能和本领的保证。为了有足够的生活来源,人们必须从事一定的工作,即要有一个职业。职业对于每个人而言有三层意义:生存、社会角色和自我价值实现。

首先,职业是我们赖以生存的方式,是谋生手段。任何人都必须工作才能生存。因为只有从事职业活动,才能消除人们生活中产生的恐惧感,获得人身的安全感。因此,可以说职业活动是人们满足各种物质文化生活需要的基本手段。

其次,职业是一种社会角色,是一种义务和责任。从事一定的职业就是扮演一定的社会角色,就必须承担这一社会角色相应的职责,就必须凭自己所能,履行角色所赋予的社会义务,才能获得相应的报酬。因此,从社会角色看,职业人又是"社会人",必须履行其责任和义务,有效地增加社会财富,才能获得自我生存发展的经济来源和社会舞台。

再次,职业提供给人们自我实现的机会。所有的生物降生于世,发展其生命就是它的意义所在。对于一个人来说,发掘其潜能、展现其才华、贡献其心智、实现自我价值是生命的渴望和意义所在。马斯洛的需求层次论认为,人最高的心理需求是获得尊重和实现自我价值。由此,成功的职业生活不只是获得多少报酬,或是否尽到岗位责任,还意味着在参与社会职业生活中,在多大程度上将自己的能力、才华和创造力发挥出来,促进社会的进步和发展。因此,职业活动就成了人们贡献才能、创造社会财富,赢得社会肯定、尊重、荣誉、声望,实现自我价值的过程。

任何一种职业都是职业职责、职业权利和职业利益的统一体。既然职业对于每个人有重要意义,我们就没有理由轻视它或漠视它,应该以虔诚之心对待它,这就是基本的职业素养。

任务 1　学习职业素养的定义

1.1　职业素养的含义

职业素养是人类社会活动中所需要遵守的行为规范,是职业的内在要求,是个人在劳动实践过程中,通过学习、培训、锻炼、自我修养等方式逐步积累和发展起来的,反映个人在身体、思想、心态、文化、技能、诚信、荣辱和责任等方面情况的内在品质。简而言之,职业素养是职业人在从事职业中尽自己最大的能力把工作做好的素质和能力,它不是以这件事做了会对个人带来什么利益和造成什么影响为衡量标准的,而是以这件事与工作目标的关系为衡量标准的。更多时候,良好的职业素养应该是衡量一个职业人成熟度的重要指标。

职业素养的鼻祖 San Francisco 在其著作《职业素养》中这样定义:职业素养是人类在社会活动中需要遵守的行为规范,是职业内在的要求,是一个人在职业过程中表现出来的综合品质。职业素养具体量化表现为职商(英文 Career Quotient 简称 CQ),体现一个社会人在职场中成功的素养及智慧。它是一个人职业生涯成败的关键因素。

1.2　职业素养的基本特征

职业素养不仅体现在工作中,还体现在生活中。这其实是一种个人习惯,在于个人平时的用心修炼。一般来说,职业素养具有下列一些主要特征。

1.2.1　职业性

职业素养是一个人从事职业活动的基础,不同的职业,职业素养也有所不同。对于建筑工人的职业素养的要求,不同于护士的职业素养的要求;对于商业服务人员的职业素养的要求,不同于教师的职业素养的要求。

1.2.2　稳定性

一个人的职业素养是在长期的从业过程中日积月累形成的。它一旦形成,便产生相对的稳定性。比如,一位教师,经过三年五载的教学生涯,就逐渐形成了怎样备课、怎样讲课、怎样爱护学生、怎样为人师表等一系列教师职业素养,于是保持相对的稳定。随着继续学习、工作和环境的影响,这种素养还可继续提升。

1.2.3　内在性

职业素养是一个人接受知识、技能的教育和培养,并通过实践磨炼后逐步养成、内化、积淀和升华的结果,是一个人能做什么、想做什么和如何做的内在特质的组合。我们经常会听到"把这件事情交给××去做,有把握,能放心。"就是因为他(或她)具有做好这件事情的内在素养。

1.2.4 整体性

现代社会的职业岗位要求具有复杂性的特点,这就要求从业人员的职业素养是多方面的,既要有崇高的职业理想、职业态度,又要遵守职业道德、职业规范,还要具备一定的职业知识、职业技能等,只有这样才能胜任本职工作。因此,职业素养一个很重要的特点就是整体性。

1.2.5 发展性

一个人的职业素养是通过教育、自身社会实践和社会影响逐步形成的,具有相对性和稳定性。但是,随着社会经济的发展和科学技术进步,必然对从业人员提出新的职业素养的要求,由此,从业人员必须不断提高自己的职业素养,以适应社会的需求。

1.3　职业素养的作用

对于职场中人来说,良好的职业素养是最重要的素质,这也是企业在录用新人时尤其重视其职业素养的原因,它决定了企业未来的发展前景,也决定了员工自身的未来。应该说,职业素养在个人职业中发挥着巨大的作用。

1.3.1 驱动作用

人的核心能力是创造力。职业教育的目的不仅仅是为了学生就业,还是为了学生实现职业理想。前者是机械地适应职业岗位,后者是主动地创造生活。教育的本质不是如同物质生产领域那样把学生批量地复制成"劳动工具",不是让年轻的一代仅仅满足于为了就业而机械地适应工作岗位,而是激励他们在继承既有文明的基础上进一步超越前贤,创造人类史上新的文明成果。这种超越和创造的驱动力,往往不是职业技能本身,而是职业素养。

1.3.2 调控作用

职业素养对从业者的精神和行为都具有调控作用。一方面,健康、积极的情感能使从业者职业生活充满色彩,使其职业活动成为愉悦的精神享受过程。反之,则会使从业者的职业生活暗淡,对本职工作产生厌倦,甚至会对从业者产生破坏性的消极作用。另一方面,端正的职业态度和良好的职业道德能够规范从业者的职业行为,增强其对不良职业行为和习惯的抵抗能力。

1.3.3 彰显作用

职业素养是从业者充分展示职业技能的精神动力,它彰显从业者的职业素质。强烈的工作热情、端正的工作态度、负责的工作精神、规范的职业行为能够推动从业者职业技能的充分发挥,提高工作效率。

1.3.4 弥补作用

"有志者,事竟成""勤能补拙"的范例并不鲜见。很多用人单位在招聘人才时,不仅仅是以职业技能作为标准,他们更多的是注重求职者的职业素养。因为,一方面,对于个体而言,职业素养可以弥补能力上的不足,尤其是敬业的职业态度是克服困难的保证,其弥补作用更为突出;另一方面,对企业而言,终归要靠发挥员工群体的力量来发展企业自身,而在群体力量的整合过程中,员工个体的职业素养显得更为重要。

1.3.5 提升作用

职业素养是以人文素养为基础的。职业素养与人文素养的结合,实质上是人文精神和科学精神的汇合。传统的方法是通过学习技术、训练技能、改进工艺、科学发明等来创造出更优良和高效的生产手段。为达到这一目的,在现代不再仅限于在"物"上下功夫,而是越来越注重开发人的积极性和创造精神。于是,人的丰富的精神需求就成为科学管理的重要视角。人文精神在现代化大工业生产中被越来越多地贯彻以人为本的主旨,提倡尊重人、关心人、发展人、激发人的热情,极大地提高生产力。

职业素养具有十分重要的意义。从个人的角度来看,适者生存,个人缺乏良好的职业素养,就很难取得突出的工作业绩,更谈不上建功立业;从企业角度来看,唯有集中具备较高职业素养的人员才能实现求得生存与发展的目的,他们可以帮助企业节省成本,提高效率,从而提高企业在市场的竞争力;从国家的角度看,国民职业素养的高低直接影响着国家经济的发展,是社会稳定的前提。

任务 2 认识培养高职业素养度的员工对于企业的意义

马克思主义认为,人是生产力诸因素中最活跃的因素,是把社会生产中其他因素联结起来的纽带。劳动者的素质如何,决定着一个国家、一个民族经济和社会发展的水平,同样也决定着一个企业的发展水平。

企业的发展取决于企业素质的强弱,企业素质是企业活力的基础,是企业发展的根本保证。而在人、物、管理和技术等企业四个基本要素中人的素质是重中之重,因为人是企业中最重要的资源和管理活动的核心,员工素质决定着企业的素质。

企业生存发展的根本在于人,而人的因素关键是素质素养,培养和造就一支能适应市场竞争的良好的员工队伍是企业的当务之急,也是企业人力资源部管理部门的一项光荣而艰巨的任务。加强员工队伍建设,提高员工职业素质素养,是促进企业发展的重要措施。

员工的素质素养代表着企业向客户兑现品牌承诺的能力。企业员工的言谈举止直接关系到企业的形象和员工在顾客心中的位置。向客户许下一个有吸引力的承诺,仅仅是成功的第一步,关键在于企业员工能否把良好的修养表现得当,企业能否真正重视这个承诺是企业生存之道,能否将其实现,为了能兑现承诺,企业必须自问,有多少员工真正了解企业到底希望他们完成什么样的工作,只有员工明确了企业目标,并对自己的企业很满意的情况下,才能为客户提供满意的服务,并留住忠实的客户群,否则就不会提高客户的满意度,直接影响企业的快速发展。

员工的素质素养决定着企业的生存和发展。员工的素质高,那么这个企业的工作标准就高,工作的基础台阶就相对较高,工作的效率就高,分解任务的能力就强,完成任务的概率就高,企业发展的速度就快,企业的效益就高,员工的福利待遇就会随之升高,企业这个品牌的知名度就高,企业的生存希望就高,发展的空间就大,反之就会束缚企业的发展,造成企业不得不停产或转产。所以越来越多的优秀企业不再是把企业发展目标定为"创造更多的需求",而是通过培养员工的素质,提高员工的素质素养来满足现有客户的需求,寻求企业的增长点。

员工素质素养的高低,还取决于企业领导者的素质素养。看企业的发展,同时更要看企业领导者的素质素养。在如今的商场上,游戏的规则已经改变,在市场竞争比较激烈的情况下,很多企业不适应这个变革,不适应生产力的快速发展,开始倒闭、转产等,但是只要我们仔细地对这些企业进行研究,就不难看出,这些企业几乎都存在三个必亡的因素:首先,企业领导者的素质不高,个人利益高于一切,找不准企业效益的增长点;其次就是员工的素质不高,领导者不注重对员工的素质培养,裙带关系比较严重,形成能进不能出,能上不能下的被动局面;再次就是企业的产品生存空间太小,质量差,这个问题也是企业领导者的直接责任,是由领导者的素质决定的。作为一名优秀的企业领导者必须认识到,真正有效而且能带来收益的做法是培养优秀的、高素质的企业员工。

企业要生存、要发展,必须依靠员工。只有员工的素质素养提高了,企业质量才能提升;只有员工的素质素养提高了,企业的管理水平和执行能力才能提升;只有员工的素质素养提高了,企业的综合效益才能提升。员工素质素养已经成为企业的核心竞争力,拥有了一流的员工,才可能成为一流的企业。

任务3 认识提升自身职业素养对个人的意义

当今企业用人的标准不断提高,几乎都将职业素养放到高于职业技能的位置。足以看到在经历市场经济化后企业对人才的重视,对用人标准的重视和职业素养的重视。

列夫·托尔斯泰说过:"人生的价值,并不是用时间而是用深度去衡量。"一个人具备了丰富的知识才能,形成良好的个人素质,才能在当今的社会上立足,体现其个人价值。但是,时代和企业最不需要的是个人主义英雄,社会的进步和企业的发展也不是通过少数精英就能够实现,更需要心地纯善、信仰坚定、诚实守信的高素质团队群体。对于员工来说,要实现自身具有实际意义的人生价值,就必须做到与企业发展相结合。

首先,员工与企业是一个不可分割的有机整体,他们是相互依存的。没有员工的参与也就没有企业,反之没有企业也不会有员工。企业为员工提供了劳动和生活的条件,同时又为员工实现自身价值创造了有利环境。而员工为企业创造了价值和利润,从而使企业得以生存和发展。

其次,员工只有融入企业的发展中才能有效地实现自身价值。员工是企业的一员而不是独立的个体。因此,员工要想有效地实现自己的价值,就必须融入企业的发展之中。如果脱离了企业的发展而设想实现自身的价值只能成为虚拟的价值、空想价值,是没有任何实际意义的,也不可能被人们和社会所承认的。

我们面对的是一个学习型社会,一个激烈竞争的时代,"如逆水行舟,不进则退"。学习的本质是接受信息、加工信息,而有效地改变行为模式的过程。"磨刀不误砍柴工。"员工应有主动学的意识。企业是优秀人才汇聚的地方,每个人都应时时学习,通过各种方式提高自己的知识、技能、观念等,不断提高,以增强自身职业竞争力。

在校大学生,实际是"半个社会人",一只脚在校园,另一只脚已踏上了社会。因为心从进入大学校园那刻起已经被将来欲从事的职业分了一半,从内心深处已在为未来做打算,但遗憾的是,这种打算仅仅局限于专业知识的渗透,离职业素质培养的方向还差很远,或者可以说根本就没树立好或建立起职业素质的目标,更别提培养。由于对就业信息的了解不够,有的大学生仅限于课堂老师所讲以及即将毕业时才主动关心就业信息,导致错失了职业素质在校培养的良好契机。职业素质培养的意义在于:它是职业成功的主要条件;它决定人获得的职业岗位;它决定个人的职业成长。因此,大学生必须及时有效地加紧职业素质培养,使自己成为社会合格及优秀的大学毕业生,为自己的职业生涯铺平道路。

任务4　学习职业素养包括的内容

心理学界权威的"素质冰山"理论认为,如果把一个员工的职业素养看作是一座冰山,那么浮在水面上的是他的知识、技术技能和行为技能等,这些就是员工的显性素养;冰山水底的隐性素养包括员工的职业态度、职业精神等,在更深层次上影响着员工的职业生涯发展。如图5.1所示。

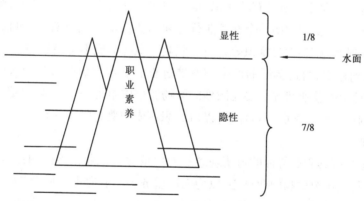

图5.1　职业素养的构成

冰山浮在水面以上的只有1/8,是人们看得见的显性职业素养,这些可以通过各种学历证书、职业证书来证明,或者通过专业考试来验证。而冰山隐藏在水面以下的部分占整体的7/8,是人们看不见的隐性职业素养。正是这7/8的隐性职业素养决定、支撑着外在的显性职业素养。显性职业素养是隐性职业素养的外在表现。职业素养的培养应该着眼于整座"冰山",并以培养显性职业素养为基础,重点培养隐性职业素养。

职业素养涵盖的内容非常广泛,个体行为的总和构成了自身的职业素养。San Francisco认为,职业素养的修炼需要经历以下七道关:印象关——初入职场形象管理;心态关——学生向社会人转变;道德关——职场安身立命之本;沟通关——打造职场"人气王";专业关——"菜鸟"变"大虾";诚信关——取得职场长期居住证;忠诚关——走进高层核心圈。通过七道关的培养,能够帮助个人具备良好的职业素养,快速融入职场,实现人生价值。

职业素养一般分为隐性素养和显性素养。隐性素养是职业素养中最根基的部分,包含个人的世界观、价值观、人生观等范畴;显性素养指计算机、英语等属技能范畴的素养,是通过学习、培训比较容易获得,在实践运用中日渐成熟的。

职业素养包括职业理想、职业意识、职业精神、职业态度、职业规范、职业准则、职业习惯、职业技能、职业形象多方面的内容。其中,职业理想、职业意识、职业精神、职业态度、职业规范、职业准则、职业习惯、职业形象是职业素养中最根本的部分,属于世界观、价值观、人生观范畴,需要在人一生的生活和工作中逐步学习而形成、完善;而职业技能是支撑整个职业的内容,是任职的最基本条件之一。

1)职业理想

职业理想是个人对未来的向往和追求,既包括对将来所从事的职业种类和职业方向的追求,也包括事业成就的追求。职业理想体现了人们的职业价值,直接指导着人们的择业行为。职业理想不等于理想职业,一般认为当个人的能力、职业理想与职业岗位最佳结合,达到三者的有机统一时,这个职业才是理想职业。树立正确的职业理想,有利于个人尽早地分析社会、认识自我,更早地进行自身积累,提升自己的职业能力,更好地适应社会,实现职业理想,为社会发展贡献更多的个人力量。

2)职业意识

职业意识是作为职业人所具有的意识,是人们对职业劳动的认识、评价、感情和态度等心理成分的综合反应,是支配和调控全部职业行为和职业活动的调节器,它包括责任意识、顾客意识、自律意识、保密意识、学习意识等方面。职业意识的形成不是突然的,一般要经过由模糊到清晰、由摇摆到稳定、由远至近的产生和发展过程。职业意识既影响个人的就业和择业方向,又影响整个社会的就业状况。要在激烈的职场竞争中争得一席之地,就必须树立正确的职业意识,培养职业兴趣,立下职业目标,为以后的职业成功奠定坚实基础。

3)职业精神

职业精神是具有其职业特征的道德理念和人生信念。职业精神的内涵是,具备职业责任和职业技能,具备职业纪律和职业良心,以为人民服务为职业理想并甘于奉献。职业精神既是我们人生观、世界观、价值观的集中体现,是正确荣辱观的具体化,又是企业发展、企业竞争和个人生存的需要。不同行业的岗位特征反映着不同的职业精神,但是从工作的基本要求来看,职业精神是一个员工做好本职工作的根本要求。

4)职业态度

职业态度是从业者对职业的看法和采取的行动。职业态度是一个综合概念,包括一个人自我的职业定位、职业忠诚度及按照岗位要求履行职责,进而达成工作目标的态度和责任心。职业态度是从业者对社会、对其他职业和广大社会成员履行职业义务的基础。它不仅揭示从业者在职业活动中的客观状态(即成绩的取得),从业者参与职业活动的方式(即职业实践),同时也揭示从业者的主观态度(即职业的认识)。职业态度决定自身的职业发展,对取得就业创业的成功具有重要的意义。

5)职业规范

职业规范是指维持职业活动正常进行或合理状态的成文和不成文的行为要求。这些行为要求,就是人们在长期活动实践中形成和发展起来的,并为大家共同遵守的各种制度、规章、秩

序、纪律以及风气、习惯等。它们有的反映了人与人之间的关系,如组织观念、劳动纪律、集体准则、人事制度等,这些属于组织系统方面的;有的反映了职业劳动中人与物的关系,如职业劳动的操作规程、安全要求等,这些多属于技术系统方面的。职业规范是保证职业劳动过程中人、物、财、事等因素之间协调一致和有条不紊的手段。

6)职业准则

职业准则是员工履行职业责任时所遵循的标准和原则,是员工言行的重要依据,贯穿于职业行为过程中的各个阶段,它适用于企业所有部门和层级的员工。不同的企业会在长期的运作中逐渐形成自己的职业准则,企业性质不同、行业不同,职业准则也会有所差异。了解职业准则并培养相应的好习惯,既可以适应多元化经济体制的人才需求,也能对人的可持续发展和终身发展产生深远的影响。

7)职业习惯

职业习惯是指人们在长期的职业活动中所形成的比较稳定的行为,良好的职业行为有助于从事者融入团队,完成自己的工作,从而使自己的事业蒸蒸日上。

8)职业形象

职业形象泛指职业人外在、内在的综合表现和反映。外在的职业形象指职业人的相貌仪容、穿着仪容、言谈举止等他人看、听到的东西;内在的职业形象指职业人所表现出来的学识、气质、风度、魅力等他人看不到、却能通过活动感受到的东西。职业形象与个人的职业发展紧密相联,在人的求职、社交活动中起到关键作用,良好的职业形象对职业成功具有比较重要的意义。

9)职业技能

职业技能是从业人员在职业活动中能够娴熟运用的,并能保证职业生产、职业服务得以完成的特定能力和专业本领。人的职业技能是由多种能力复合而成的,是人们从事某项职业必须具备的多种能力的总和,它是择业的标准和就业的基本条件,也是胜任职业岗位工作的基本要求。

项目小结

职业素养是从业者在一定生理和心理条件基础上,通过教育培训、职业实践、自我修炼等途径形成和发展起来的,在职业活动中起决定性作用的、内在的、相对稳定的基本品质。其重要性表现在:它是决定职场成败的重要因素;它是职场制胜、事业成功的第一法宝;它可以改变人生;它是人才选用的第一标准。职业素质培养的意义在于,它是职业成功的主要条件;它决定人获得的职业岗位;它决定个人的职业成长。

思考和训练

一名在校园里表现优秀的大学生,到工作单位后是否仍然是一名优秀的职员?

很显然,这两者之间是不能划等号的,因为学校与社会对优秀的判断标准是很不一样的。甚至可以说,社会的标准更为严格,其中很重要一项就是对员工职业素养的要求。进入职场以后的大学生就成了一名职业人,职业人应有职业的态度、言语和行为。有些毕业生忽略这一点,仍然把在学校里的表现带到工作中去,自然会导致单位不佳的评价。

那么,大学生需要具备怎样的职业素养? 又如何去提高和培养呢?

项目 6

员工职业素养的培育

21世纪的企业正面临着市场高度细分、多元化与品牌化经营的竞争,也面临生存的威胁和发展的困惑。任何一个企业要想获得可持续发展,就必须夯实可持续发展的基础。

任务 1　建立合理的职业知识结构

知识是人类在改造自然和社会的实践活动中所获得的认识和经验的综合,是人对社会客观事物的科学认识。它反映着客观世界各个领域物质运动和社会发展的规律,是人类改造自然、改造社会、争取自由的有力武器。知识结构则是指一个人所拥有的知识体系构成情况与结合方式,它是由诸多要素组合而成的有序的、有层次的整体信息系统。

1.1　知识结构的类型

(1)"金字塔"型知识结构。这种结构是指从塔的底部到塔尖有3个层次,一是基础知识,二是专业基础知识,三是专业知识。这种知识结构类型强调基础知识深厚,专业基础知识扎实,专业知识精深,知识结构层次分明。

(2)"网络"型知识结构。这种结构是以所学的专业知识作为网络的核心,把其他与该专业相关的知识作为网络的外围,相互联合而形成适应性强、能够在较大空间发挥作用的知识结构。这种知识结构类型侧重专业知识的核心地位和相关知识的相互连接,是知识广度与深度的统一,具有一定的弹性。

(3)"帷幕"型知识结构。这种结构是指一个具体的社会组织对其组织成员在知识结构上有一个总体的要求,而作为该组织的个体成员,由于工作岗位和工作职责范围不同,在知识结构的要求上也就存在着一些差异。这种知识结构强调个体知识结构与整体知识结构的有机组合。

(4)"⊥"型知识结构。在这种知识结构中,横杠是指一般知识和基础理论知识,竖杠是指专业知识。这种知识结构强调在一定基础知识之上,选准主攻专业方向,使专业知识与实践知识有机地结合在一起。

(5)"飞机"型知识结构。这是我国企业界新秀翟新华提出来的,他认为,作为一个优秀的管理人才,知识结构应该是"飞机"形的。机头部分是宏观经济理论,机身部分是丰富的宏观经济和微观经济的实践经验,机尾部分是微观经济理论,两翅是外语和数学。

(6)"安东尼"型知识结构。这种知识结构类型是由美国斯隆管理学院提出的,其特点是将任何一个部门或系统的人才,分为三大类:战略人才、亚战略人才和战术人才。人才类别不同,他们的知识结构也不相同。

1.2 合理知识结构的内涵

1.2.1 基础知识

基础知识包含数学、物理、化学、历史、地理、语文及专业基础知识等方面的内容。数学是研究数量、结构、变化以及空间模型等概念的一门学科;物理从最广泛的意义上来说即是研究大自然现象及规律的学问;化学是研究物质的组成、结构、性质以及变化规律的科学;历史学确定客观实在的研究对象,是一门科学得以建立的前提和基础;地理学是研究地球表面的地理环境中各种自然现象和人文现象,以及它们之间相互关系的学科;语文,人文社会科学的一门重要学科,是人们相互交流思想的语言工具,它既是语言文字规范(实用工具),又是文化艺术,同时也是我们用来积累和开拓精神财富的一门学问,它是基础的基础,是我们获得其他一切知识的前提和保障。这些基础知识融会贯通,在我们的大脑中形成一个清晰的知识网络体系,是我们获得才能的基础。

专业基础知识是基础知识中较为重要的一部分,对于一个从事专门学科的工作的从业人员而言,专业基础知识是衔接基础知识和专业知识的重要环节,也是学习专业知识的铺垫。

1.2.2 专业知识

专业知识通常指我们所学的专业上的知识,是我们在工作岗位上的一技之长。当基础知识积累到一定程度时,知识专业化发展的要求就显得格外突出,知识的创造过程也是在这一时期完成的。离开专业知识的学习,知识体系也就失去了完整的意义。专业知识是我们在工作岗位上赖以生存的资本,专业知识通过训练和培养后可以获得,生存于社会、认识社会、改造社会都需要丰富的专业知识储备。

专业知识是知识结构的直接体现,也就是说,直接反映我们知识结构的显示面就是我们所掌握的专业知识。基础知识是内在的,是获得专业知识的地基,直接对专业知识的显示起到辅助作用。专业知识有其独特的运用性,也就是说专业知识要学以致用,在实践中提高,丰富其内涵。

1.2.3 复合知识

复合知识的概念是针对目前教育界存在的"专才"教育的缺陷而言的。随着时代的发展,交叉学科、边缘学科层出不穷,在实际生活中,仅凭一两门专业知识已经不够,同时,由于学科呈现多向发展趋势,因此,我们要充分理解一个学科的专业知识,就必须借助于对其他学科的认识,借助多种学科的知识,进一步深化自己的专业知识。

1.3　合理知识结构的特征

1) 广博是基础

研究证明,社会越发展对人们的知识面要求越宽,尤其是在目前的竞争社会中,人人都要学会创造、学会开拓,而创造开拓都离不开创造性思维。创造性思维一般包括:一是对已经熟识的事物有意识地持怀疑态度,把已有定论的理论、经验、做法,按照自己的观点和思路去进行验证或解释,从而获得新的突破和发现;二是对陌生事物持理解的态度,用人们常用的观点和尺度去进行衡量或比较,进而开拓新的认识领域。而这两种态度,都需要具有广博的知识。

但是,这种广博也并不是说什么领域的知识都要具备,广博的知识也需与将来的发展目标相联系,所以它需要有选择性和指向性。

经过科学测算发现,在人的知识宝库中,经常有用的知识,只占其知识总量的 10% ~ 15%。而这些“经常有用”的知识,又按照每个人的职业和工作性质,成一定的扇形分布。这种“扇形分布”,绝不是无规律的散乱分布,而是按照科学的内在联系组成的系统知识。因此,对于工作繁忙,时间十分宝贵的企业员工来说,完全没有必要不加选择地盲目求“知”,在学习上打疲劳战、消耗战,而应该根据自己的职业和工作性质,将最宝贵的时间和精力,优先用于学习“扇形分布”内的系统化知识。只要获取了这一领域内的多方面知识,同样可以称得上“博”。

2) 精深是支柱

虽然什么知识都具备,但如果都是知道“皮毛”和大概,那么这样的知识对员工来说也是作用甚微的。所以企业员工还必须在“扇形分布”内,具备某一两方面起主导和核心作用的专业知识,即“精”。博,是知识基础;精,则是知识支柱。现代企业活动对各层次员工的知识精深度,提出了十分严格的要求,过去那种“一招鲜,吃遍天”的传统观念,已经越来越不能适应新形势的需要了。取代这种旧观念的,应是“多招鲜,吃遍天”的新观念,也就是人们常说的“复合型”知识人才。

无论是广博和精深,员工的知识结构同样都要求有导向性,要有目标的进行知识的学习和积累。形象地比喻起来,员工的知识结构应该能像探照灯那样,射出明亮得能够照亮远方目标的“光柱”(专业知识);而这些光柱周围,则包围着一层淡淡的“光雾”(系统化的知识面)。由“光柱”和“光雾”组合成的知识结构,才是具有明晰指向性的合理的知识结构。

3) 灵活运用是根本

企业员工要构建最佳的合理的知识结构,还必须要积极参加丰富多彩的实践活动,以便能多方面、多角度地积累各种感性知识和实践经验,灵活运用各种书本知识。这种对知识的灵活运用,也是对自己各种知识的一个消化过程。之所以要对各种知识进行实践运用和验证,原因主要有四点:其一,书本并不是获取知识的唯一来源,从实践中积累知识,同样是获取知识的重要渠道,而且可以作为对书本知识的一个重要补充,学到书本上学不到的“活”知识,从而形成合理的知识结构;其二,学习书本知识尽管十分重要,但决不能机械地照抄照搬,而必须通过实践,结合本单位的具体情况,灵活运用,并在实践中不断丰富和发展原有的知识;其三,心理学常识告诉我们,每个人在学习书本知识时,都存在根据自己的感性经验来理解和体察书本知识的倾向。倘若感性知识过于狭窄和片面，则会影响对书本知识的正确理解，甚至从本来正确的书本知识中引申出荒谬的结论来，而丰富的感性知识，只能来源于多种形式的实践活动；其四，在书本知识和实践知识之间，以及在各类知识之间，都存在着一定的有机联系，注意这些知识之间的相互作用和相互影响，将有助于加快对各类知识的理解和消化。而这种知识间的有机联系和相互作用，很大程度上依赖于实践来发现和体验。

因此，我们说，不管你掌握了多少种，又或是多么精深的各类知识，如果你不能把它灵活运用到实践中并把它在实践中完善和发展，那么你所学的知识只能是"死"知识，它对你构建合理的知识结构毫无用处，只有对之灵活运用才是根本和关键。

任务2　培育以专业为导向的职业技能

21世纪什么最贵，是人才。随着我国新型工业化进程加快，企业不仅需要一大批从事研究、设计、开发管理的高素质人才，也离不开在生产线上从事制造、施工、维护、服务的高技能人才。在竞争日益激烈的职场中，从业人员也必须握住职业技能这把利剑，才能披荆斩棘，所向披靡。

2.1　职业技能的概念

所谓技能，在人类学、劳动经济学和教育测量学里都有研究，我们可以大致将其理解为人在意识支配下所具有的肢体动作能力。由于劳动的本质是工具的应用，人们的肢体劳动能力也基本体现在对工具的控制和应用上，因此，我们又将技能称为操作能力。技能具有智能性和体能性，人们往往注意到这种动作能力的体能性，而忽略其智能性。实际上，只有通过发展其智能性才能带动体能性的发展提高。

我们所说的职业技能，即从业人员在参与职业活动中所需要掌握和能够体现的操作能力，我们以其是否与职业活动相关来界定。例如，驾驶技能对于个人在日常生活中只能成为生活技能，对于出租车司机等以开车为职业的人来说，驾驶技能就是职业技能。职业与技能密不可分，相互之间有着广泛而深刻的影响。职业与技能紧密的联系主要体现在以下几个方面：

(1)不同职业，不同工作岗位对于技能要求是不同的。例如：国家公务员应该具备如逻辑推理、资料分析整理、推理判断、言语理解与表达等职业能力，同时，要求其对本职工作中特定的工作惯例、办公规则以及时事政治有透彻的了解。这里所要求的技能，主要体现在从业人员将其获得的知识经验转化为工作实践的能力，包括其运用知识经验的程度和准确程度。而从事汽车运用于维修专业的人员，则应当具备机械、材料、电子常识以及故障分析等能力，这种行业的岗位能力包括了行业通用能力和岗位特定技能。

(2)技能很大程度上受着后天职业活动过程的影响。技能水平的优劣主要受两个方面的影响：智力和后天的学习与实践因素。前者是一切心智活动的基础，但是拥有相同智力水平的人往往在技能水平上有很大的差别，这就在于后天的学习与实践。职业技能的几个测量维度是：操作精度、动作协作程度、熟练程度。这些维度都是通过不断的实践才得以提高。智力是相对稳定的,一个人的技能积累也很难影响到他的智力水平,但却会影响他的能力倾向。专业知识技能可以在短期内通过强化训练来提高,但也可能由于懈怠和停滞而丧失,也就是我们所说的:业精于勤,荒于嬉。

不同的技能水平对工作绩效有着至关重要的影响。一定的技能水平是一个人胜任其岗位工作的基本要求,是影响职业活动的主要特征之一。

如果说知识是人们在改造自然、改造社会的实践活动中得到的各种经验,那么技能就是人们掌握的操作系统和能否顺利完成各项任务的有效条件。

2.2 职业技能测试的原则

(1)客观公正性原则。开展职业技能测试必须符合测试实际及其能力形成的客观规律,还要对测试者知识和技能水平做出公平、客观的评价。

客观公正性原则是职业技能测试中的首要原则,也是整个职业技能测试体系中最重要、最基本的原则。

(2)程序化原则。职业技能测试的标准、内容与实施是一个有机的整体,各项工作都要按照科学的程序来进行。

贯彻这一原则要求测试项目与指标的排列与职业技能操作的顺序相适应;鉴定活动的安排与职业能力实际操作的顺序相一致;鉴定方案的设计及实施要充分考虑被测试者的工作实际与主管人员的工作实际,被测试的"序"与工作的"序"相一致。

(3)专业测试与综合测试相结合。由于职业技能测试的复杂性,必然导致对劳动者职业技能某一项目或指标进行系统而深入的专项测试,以及多种项目或指标的综合测试。从操作上来说,前者有利于确保测试结果的准确性,从性质上来说,后者有利于把握测试对象的实质。没有专项测试就不能发展综合测试,没有综合测试就无法显现专项测试的价值。职业技能测试要想取得成效,就必须把二者结合起来。

(4)定性测试与定量测试相结合的原则。如果我们仅以经验与印象对被测试者进行定性测试,难免带有主观性;而如果我们仅以量化的客观判断进行定量测试,又难免以偏概全。只有将二者紧密地结合起来,才能提高测试的客观性、综合性、准确性与可靠性。

(5)测试与指导相结合的原则。这一原则要求通过测试并加以指导达到提高职业技能水平的目的。

2.3 影响职业技能发展的因素

1)生产力和科学技术发展水平

职业是人类社会发展到一定历史阶段的产物,是人类社会生产和发展的必然结果,作为其衍生物的职业技能,伴随着生产力的发展而产生,又伴随着生产力的发展而发展。生产力和科学技术发展水平决定和制约着职业技能的发展和演变,是影响职业技能发展的最重要因素。

可以说,生产力和科学技术的发展影响着从业人员职业技能的发展,而从业人员职业技能的提高又可以促进生产力的提高和科学技术的发展。

2) 教育

教育是从业人员掌握知识和职业技能的具体途径和方法。人非生而知之,乃学而知之,教育对从业人员职业技能发展的影响是显而易见的。马克思曾精辟地论述:"要改变一般人的本性,使他获得一定的技能和技巧,成为发达的和专门的劳动者,就要有一定的教育和培训。"

职业技能的发展与提高与国民素质是息息相关的。对于整个社会而言,如果民众受教育程度低,文盲、半文盲比率高,那么其劳动者职业技能就很难得到提高和发展。

对于个人而言,教育是其掌握职业技能的方法,也是其提高职业技能的载体。一般来说,接受过较高水平教育的人,在职业技能的提高与发展上较教育程度低的人更容易取得成效。

3) 政策导向

各个国家不同的文化背景和政策舆论对职业技能的发展也有一定影响。

2006年,中共中央为改变一直以来社会舆论以及传统观念对职业技能和技能劳动的轻视,下发了《关于进一步加强高技能人才工作的意见》,将发展劳动者职业技能、培养高技能人才这项工作提升到加快产业优化升级、提高企业竞争力、推动技术创新和科技成果转化的战略高度。

4) 个体因素

个体在智力、体力、兴趣爱好等方面的差异也会对个人职业技能的发展起到一定作用。

2.4 职业技能的专业化

在职业技能产生的初期,由于生产力水平低下,科学技术欠发达,生产工具落后以及分散式劳动等诸多因素影响,管理及从业人员均缺乏对职业技能的重视,因此,当时劳动者的职业技能停留在初水平阶段,很难得到提高和发展,人们往往根据自己的行为及劳动习惯进行生产,很难实现职业技能的专业化。

而今,科学技术的日新月异,社会劳动分工越发细化,职业门类专一,新材料、新技术、新工艺、新的管理方式的广泛运用,对职业技能专业化发展起着引导性的作用。从业人员必须掌握一定的现代化科学知识和技术,具备一定的专业技术能力,才能胜任现代职业的岗位要求。专业化已经成为当今社会的一种特征,社会化大生产、组织机构未来智能的实现、新技术新发明的应用、劳动生产率的提高,都越来越依赖于从业人员职业技能的专业化。专业化是未来职业技能发展的趋势。

据有关专家预测,未来10年,社会发展中将产生九大科技行业,这些行业包括:生物工程产业、生物医药产业、光电子信息产业、智能机械产业、软件产业、新材料开发与制造产业、核能与太阳能等新能源开发产业、空间技术与开发产业、海洋技术与开发产业。不难看出,这些未来的产业结构,都对从业者的职业技能提出了更高的要求。

总之,21世纪将走向知识经济社会,知识经济给职业技能提供了发展平台,同时,也提出了职业技能专业化的发展任务。

任务 3　培育以价值为导向的职业观念

3.1　工作价值观

 案　例

有个老木匠准备退休,他告诉老板,说要离开建筑行业,回家与妻子儿女享受天伦之乐。老板舍不得他的好工人走,问他是否能帮忙再建一座房子,老木匠说可以。但是大家后来都看得出来,他的心已不在工作上,他用的是软料,出的是粗活。房子建好的时候,老板把大门的钥匙递给他。"这是你的房子,"他说,"我送给你的礼物。"他震惊得目瞪口呆,羞愧得无地自容。如果他早知道是在给自己建房子,他怎么会这样呢? 现在他得住在一幢粗制滥造的房子里。

3.1.1　工作价值观的内涵

(1)工作价值观(work value),作为人们对工作意义的看法和评价,直接影响人的工作态度、工作目标以及与个人内在需求相联系的对工作特质与属性的评价,进而影响职工工作行为。简单地说,工作价值观就是主体对于工作意义的认识。大量分析研究证实,工作价值观对组织行为有显著的预测性,且具有相对稳定性,可以一直深远地影响行为方式。

(2)工作价值观,即人到底是因为个人利益驱动的原因才产生出了对工作的真诚,还是抛却个人的狭隘意愿只真诚于工作本身才获得了最终的利益? 简单来说就是我们为什么而工作。而妨碍我们做到纯粹"真诚"的是什么呢? 归根到底,是头脑中未经觉察的那些错误观念、习惯意识,最常见的一个观念是"为钱谋生,为个人利益工作"的工作价值观。这个观念是普遍存在于大多数人的潜意识中的,亦是被广泛认同的社会行为,所以很难察觉出它错误的本质和持有这种思想的危害。

3.1.2　树立正确的工作价值观

工作的价值观决定着一个人的职业道德,正确的工作价值观,可以改善从业人员的心态,提高从业人员的工作积极性。世界华人成功学第一人——陈安之说:任何人要成功,需要有社会责任感;如果一个人没有以国家利益为导向,一味追求个人利益,这样的人迟早会瓦解的,因为他的精神支柱是不够的。一个核心价值观——人应当为自己的使命而工作! 所以我们在工作中一定要端正自己的工作价值观,这对一个人来说代表了品德。所以我要说任何人要成功,需要有团队的责任感。

在日常的工作中,我们应该如何体现自己正确的工作价值观呢? 我认为做到以下几点就行了。首先就是要有团队精神。我认为所谓的团队精神就是团队的共同价值观。只有把自己放在团队中去,让自己成为团队中不可或缺的一个角色,并且朝着共同的团队目标去奋斗,你在这个团队中才会有价值。其次就是要责任心,只有心里想到了你才有可能做到。如果不用心去工作,在心里没有一个正确的尺度去衡量自己所做的事情,那么它就会偏离事情的正确方向。如果没有责任心,就会敷衍了事,还会给别人留下很多的麻烦。三是还要有细心,近期社会上不是有这么句话么:细节决定成败。所以我们做任何一件工作,都要把它考虑得细微周到,考虑到问题的方方面面,你只有考虑到了,你才会做到。四是要有组织纪律观念。没有规矩不成方圆,单位管理,必须有规章制度,制度是用来约束职工行为的,通过约束使得职工的行为符合单位的核心价值观。但是再细致的制度也会有鞭长莫及的时候,在制度约束不到的地方,这就要求我们自身有自我约束力,让制度约束的行为变成我们的自觉行为。所以在组织纪律观念上我们应该做到自觉的行为。五是我们还要心怀感激。那么对一个员工最高的评价是什么呢? 当一个人有明确的工作价值观,他便能发挥出爆炸性的力量。人,每一个人,都应有正确的、崇高的工作价值观。为崇高的价值目标奋斗。最后我还要给大家留下一句话:读万卷书不如行万里路,行万里路不如阅人无数,阅人无数不如高人指路,高人指路不如自己去悟。

3.2 效益观

效益观包含三个内容:经济效益观、社会效益观和生态效益观。

1) 经济效益观

市场经济条件下,经济效益始终是企业管理追求的首要目标。特别是在我国市场经济体制逐步完善的今天,企业管理应以市场需求为导向,通过向市场提供质量尽可能高、功能尽可能完善的产品和服务,力求使企业获取尽可能多的利润。与企业管理的这一基本要求相适应,从业人员也应以实现企业利益最大化为自己的立身之本。如果职业经理人的经营管理不是以经济效益最大化(不论短期或长期)为目标,必然不会被企业所接受,被资本抛弃的企业从业人员纵然有再高知本,也会落得英雄无用武之地的下场。因此,作为一名企业从业人员,必须树立与企业文化和经营目标相符的经济效益观。经济效益是"罗马"、经营管理是"大路",有了"罗马"后,采用何种管理方法、走哪条"大路"才是从业人员的选择。

2) 社会效益观

企业的经济效益是显性的、易于评估的,例如企业的财务报表、各类统计数据都可以直接反映出企业的经济效益。而企业的知名度、美誉度、品牌价值、企业形象、企业文化等这些无形资产的价值,很难用具体的数字体现出来,企业的这些无形资产即称之为社会效益。它们虽然难以评估,却对企业的发展有着至关重要的影响,因此,企业从业人员在追求经济效益的同时,还要注重社会效益的经营和积累。在经营管理实践中,追求社会效益会在某个阶段、在一定程度上"牺牲"经济效益,但是应该看到,社会效益最终必然能够服务于经济效益,创造出更大的经济效益。

3) 生态效益观

生态效益指人们在生产中依据生态平衡规律,使自然界的生物系统对人类的生产、生活条件和环境条件产生的有益影响和有利效果,它关系到人类生存发展的根本利益和长远利益。生态效益观也就是我们通常所说的战略眼光,即要着眼于企业的长期发展,不能只追求眼前的短期目标而损害长期利益。

生态效益和经济效益综合形成生态经济效益。在人类改造自然的过程中,要求在获取最佳经济效益的同时,也最大限度地保持生态平衡和充分发挥生态效益,即取得最大的生态经济效益。这是生态经济学研究的核心问题。长期以来,人们在社会生产活动中,由于只追求经济效益,没有遵循生态规律,不重视生态效益,致使生态系统失去平衡,各种资源遭受破坏,已经给人类社会带来灾难,经济发展也受到阻碍。因此,作为一名优秀的从业人员,应当树立生态效益观念,在其位谋其政的同时,应有所为有所不为,以损害长期利益来换取些许短期利益的行为坚决不为;虽然眼前效益不大但能给企业的长期发展带来更大好处(这个好处也许要在继任者任职期间才能体现出来)的行为坚决要为,要懂得为后来者保留或创造一些发展的资源。如果一分资源可以创造一分效益,那么经营者在位期间得八分但留给后来者的资源值十分,对企业而言,远比在位期间得十分而留给后来者的资源值六分来得重要。有人评价说,目前的土地出让制度有一个很大的弊端就是把筹措发展资金建立在出让子孙后代的土地上,等到没有土地可再出让的时候,子孙后代就无米下锅了。暂且不论这样的评价正确与否,至少它说明了一个道理:现在的人要为后来的人着想,不能只顾个人的、眼前的利益。

3.3　时间观

时间观是指企业在市场营销活动中重视时间作用的一种市场观念。

树立时间观念对于企业的市场营销活动具有重要意义。(1)市场需求瞬息万变。一种产品,昨天畅销,今天平销,明天可能变为滞销。企业具有时间观念便可以提高决策速度和办事效率,及时开发新产品,企业就不会为市场所抛弃。(2)市场竞争激烈、复杂。一种市场机会的把握,既靠机遇,又靠敏捷。企业具有时间观念便可以不失时机地抓住机会,迅速作出决策,这种决策也可能会使企业兴于一朝,或起死回生,否则,企业只能业绩平平,迫于维持生存,甚至毁于一旦。(3)科学技术的迅速发展使产品更新换代加快,企业具有时间观念便可以跟上时代步伐,走在时间前头,在市场竞争中立于不败之地。(4)在日常决策和营销活动中,企业具有时间观念便可以以快取胜,直接为企业带来经济效益。当前,企业树立时间观念,主要应该在“快”“严”“高”三个字上下功夫。快:即对市场变化的信息反映要快,决策要快,新产品开发要快,产品更新要快,销售也要快。“快”字要贯穿市场营销的全过程,企业只有快,才能抓住有利时机,适应市场变化,不断开辟和扩大新市场,否则将会贻误时机,在竞争中趋于失败。严:即指严格交货期。在生产社会化程度高,经济活动横向联系密切的情况下,生产、流通各个环节更要密切配合,为了减少资金占用,又能及时保证用户需要,消费者越来越要求经营者按合同规定的时间交货,如若延期,不仅要赔偿经济损失,而且直接影响到企业的声誉。因此,企业的经营计划和经营活动要一环扣一环,紧张而有秩序地进行。高:即工作效率要高,要简化手续,压缩工作周期,提高工作效率,加速商品流通。

案　例

爱迪生的故事

爱迪生一生只上过三个月的小学，他的学问是靠母亲的教导和自修得来的。他的成功，应该归功于母亲自小对他的谅解与耐心的教导，才使原来被人认为是低能儿的爱迪生，长大后成为举世闻名的"发明大王"。

爱迪生从小就对很多事物感到好奇，而且喜欢亲自去试验一下，直到明白了其中的道理为止。长大以后，他就根据自己这方面的兴趣，一心一意做研究和发明的工作。他在新泽西州建立了一个实验室，一生共发明了电灯、电报机、留声机、电影机、磁力析矿机、压碎机等总计两千余种东西。爱迪生的强烈研究精神，使他对改进人类的生活方式，作出了重大的贡献。

"浪费，最大的浪费莫过于浪费时间了。"爱迪生常对助手说，"人生太短暂了，要多想办法，用极少的时间办更多的事情。"

一天，爱迪生在实验室里工作，他递给助手一个没上灯口的空玻璃灯泡，说："你量量灯泡的容量。"他又低头工作了。

过了好半天，他问："容量多少？"他没听见回答，转头看见助手拿着软尺在测量灯泡的周长、斜度，并拿了测得的数字伏在桌上计算。他说："时间，时间，怎么费那么多的时间呢？"爱迪生走过来，拿起那个空灯泡，向里面斟满了水，交给助手，说："里面的水倒在量杯里，马上告诉我它的容量。"助手立刻读出了数字。

爱迪生说："这是多么容易的测量方法啊，它又准确，又节省时间，你怎么想不到呢？还去算，那岂不是白白地浪费时间吗？"

助手的脸红了。

爱迪生喃喃地说："人生太短暂了，太短暂了，要节省时间，多做事情啊！"

3.4　危机观

3.4.1　树立危机意识

千里之堤，溃于蚁穴。

对于一个企业来说，"蚁穴"可能是产品质量出现了新问题，日益扩张的销售渠道难以得到控制与管理，流动资金大都压在进料、生产上，企业面临现金流缺口，客户问题，等等。

作为从业人员，要提高危机意识，用"危机管理"的手段防止蚁穴的发生。没有哪一个企业能够完全避免危机的发生，因为不断变化的外部力量才是危机产生的主要原因。因此，最佳的防御措施就是经常观察那些微不足道的"小蚂蚁"，寻找蚁穴，及时采取补救措施，这样一方面可以减少危机发生的概率，另一方面则可以在危机发生时，集中力量控制局面。

我们在经营活动过程中,一定要保持清醒的头脑和危机意识,通过分析和预测,判断危机的存在,并及时采取补救措施,这样才能化险为夷。

案　例

电视台曾经报道一次空难的新闻,而造成本次空难的直接原因仅仅是一名清洁工忘记将贴在空气孔的胶纸拿掉。因为,这名清洁工在清洗飞机的时候担心脏水或其他东西流进空气孔,因此,他用透明胶将空气孔贴住,清洗完毕后,清洁工忘记将透明胶拿掉,飞机起飞后,机师发现气压表和公里表有异常,因为气压表和公里表是通过空气孔探测得到正确数据的。就这样一次小小的失误造成了损失惨重的空难。

3.4.2　危险与机遇并存

案　例

一个菜农摆摊时偶然发现刚采摘的小青菜上有虫,心急又心慌:"这菜肯定是卖不出去,亏定了。"熟知过了不久,一顾客走近翻了翻,先是一惊:"青菜虫!"然后喜出望外:"有虫说明这里的青菜没洒农药,给我来五斤。"菜农恍然大悟,于是大声吆喝起来:"无农药、无公害的新鲜蔬菜,快来买呀!"很快,摊点被围得水泄不通,青菜被一抢而光。

这则故事诠释了危险也是机遇的道理。确实,事物往往存在两面性,好坏、利弊总是同时存在。危险与机遇同在,没有黑夜,就不会有黎明!

危险中存在机遇,机遇中有潜在的危机。危机释义:一是指令人感到危险的时刻;二是指一种产生危险的祸根。

当危机来临时,化解它的利刃其实就藏在每个人的心里,它的名字叫智慧;危险和机遇伴生,就是所谓危机。

没有危机感,其实就有了危机;有了危机感,才能有效地避免危机。作为企业从业人员必须树立危机观,因为机会只给有准备的人。

3.5　团队协作观

3.5.1　团队合作的内涵

协作:是指劳动协作,即许多人在同一生产过程中,或在不同的但互相联系的生产过程中,有计划地协同劳动。在一个企业,协作是指为实现预期的目标而用来协调员工之间、工作之间以及员工与工作之间关系的一种手段。协作能创造出一种比单个战略业务单元收益简单加总更大的收益，即实现协同效应。协作的优点是可以充分有效地利用组织资源，扩大企业经营空间范围，缩短产品的生产时间，便于集中力量在短时间内完成个人难以完成的任务。

俗话说，"一个和尚挑水喝，两个和尚抬水喝，三个和尚没水喝。一只蚂蚁来搬米，搬来搬去搬不起，两只蚂蚁来搬米，身体晃来又晃去，三只蚂蚁来搬米，轻轻抬着进洞里。"上面这两种说法有截然不同的结果。"三个和尚"是一个团体，可是他们没水喝是因为互相推诿、不讲协作；"三只蚂蚁来搬米"之所以能"轻轻抬着进洞里"，正是团结协作的结果。有首歌唱得好，"团结就是力量"，而且团队合作的力量是无穷尽的，一旦被开发这个团队将创造出不可思议的奇迹。

当今社会，随着知识经济时代的到来，各种知识、技术不断推陈出新，竞争日趋紧张激烈，社会需求越来越多样化，使人们在工作学习中所面临的情况和环境极其复杂。在很多情况下，单靠个人能力已很难完全处理各种错综复杂的问题并采取切实高效的行动。所有这些都需要人们组成团体，并要求组织成员之间进一步相互依赖、相互关联、共同合作，建立合作团队来解决错综复杂的问题，并进行必要的行动协调，开发团队应变能力和持续的创新能力，依靠团队合作的力量创造奇迹。

团队不仅强调个人的工作成果，更强调团队的整体业绩。团队所依赖的不仅是集体讨论和决策以及信息共享和标准强化，它强调通过成员的共同贡献，能够得到实实在在的集体成果，这个集体成果超过成员个人业绩的总和，即团队大于各部分之和。团队的核心是共同奉献。这种共同奉献需要一个成员能够为之信服的目标。只有切实可行而又具有挑战意义的目标，才能激发团队的工作动力和奉献精神，为工作注入无穷无尽的能量。所以团队合作是一种为达到既定目标所显现出来的自愿合作和协同努力的精神。它可以调动团队成员的所有资源和才智，并且会自动地驱除所有不和谐和不公正现象，同时会给予那些诚心、大公无私的奉献者适当的回报。如果团队合作是出于自觉自愿时，它必将会产生一股强大而且持久的力量。

团队合作往往能激发出团体不可思议的潜力，集体协作干出的成果往往能超过成员个人业绩的总和。正所谓"同心山成玉，协力土变金"。红军长征胜利是中国革命史上，乃至世界军事史上的一次奇迹。创造这个奇迹的红军战士和整支红军队伍就是有一个"为天下所有贫苦人民打天下"的共同目标。而且他们都不畏艰险，相互帮助、共同合作充分发挥了团队合作的力量。他们是一个优秀的团队，在共同协作下不仅走出了困境，还为革命的胜利打下基础。所以成功需要克难攻坚的精神，更需要团结协作的合力。一个团体，如果组织涣散，人心浮动，人人自行其是，甚至搞"窝里斗"，何来生机与活力？又何谈干事创业？在一个缺乏凝聚力的环境里，个人再有雄心壮志，再有聪明才智，也不可能得到充分发挥！只有懂得团结协作才能克服重重困难，甚至创造奇迹。

 案　例

在一个花园里，美丽的红玫瑰引来了人们驻足欣赏，红玫瑰为此感到骄傲。红玫瑰旁边一直蹲着一只花青蛙，红玫瑰嫌它跟自己的美丽不谐调，强烈要求青蛙立即从她身边走开。青蛙只好顺从地离开了。没过多久，青蛙经过红玫瑰身边，惊讶地发现它已经凋谢,叶子和花瓣都掉光了。青蛙说:"你看起来很不好,发生了什么事情?"红玫瑰答道:"自从你走后,虫子每天都在啃食我,我再也无法恢复往日的美丽了。"青蛙说:"当然了,我在这里的时候帮你把它们都吃掉,你才成了花园里最漂亮的花。"

我们每个人都有需要他人的地方。一个团队的成员不应该只注意个人名下的辉煌业绩,而是要看到在其背后的团队支持。企业发展最终靠的是全体人员积极性、主动性、创造性的发挥,有团队才有个人,每个人都要积极融入到团队中。

3.5.2　团队合作的原则

1)平等友善

与同事相处的第一步便是平等。不管你是资深的老员工,还是新进的员工,都需要丢掉不平等的关系,无论是心存自大或心存自卑都是同事相处的大忌。同事之间相处具有相近性、长期性、固定性,彼此都有较全面深刻的了解。要特别注意的是真诚相待,才可以赢得同事的信任。信任是联结同事间友谊的纽带,真诚是同事间相处共事的基础。即使你各方面都很优秀,即使你认为自己以一个人的力量就能解决眼前的工作,也不要显得太张狂。要知道还有以后,以后你并不一定能完成一切,还是平等友善地对待对方吧。

2)善于交流

同在一个公司、办公室里工作,你与同事之间会存在某些差异,知识、能力、经历造成你们在对待和处理工作时,会产生不同的想法。交流是协调的开始,把自己的想法说出来,听对方的想法,你要经常说这样一句话:"你看这事该怎么办,我想听听你的看法。"

3)谦虚谨慎

法国哲学家罗西法古曾说过:"如果你要得到仇人,就表现得比你的朋友优越;如果你要得到朋友,就要让你的朋友表现得比你优越。"当我们让朋友表现得比他们还优越时,他们就会有一种被肯定的感觉;但是当我们表现得比他们还优越时,他们就会产生一种自卑感,甚至对我们产生敌视情绪。因为谁都在自觉不自觉地强烈维护着自己的形象和尊严。

所以,对自己要轻描淡写,要学会谦虚谨慎,只有这样,我们才会永远受到别人的欢迎。为此,卡耐基曾有过一番妙论:"你有什么可以值得炫耀的吗? 你知道是什么原因使你成为白痴? 其实不是什么了不起的东西,只不过是你甲状腺中的碘而已,价值并不高,才五分钱。如果别人割开你颈部的甲状腺,取出一点点的碘,你就变成一个白痴了。在药房中五分钱就可以买到这些碘,这就是使你没有住在疯人院的东西——价值五分钱的东西,有什么好谈的呢?"

4)化解矛盾

一般而言,与同事有点小想法、小摩擦、小隔阂,是很正常的事。但千万不要把这种"小不快"演变成"大对立",甚至成为敌对关系。对别人的行动和成就表示真正的关心,是一种表达尊重与欣赏的方式,也是化敌为友的纽带。

5)接受批评

从批评中寻找积极成分。如果同事对你的错误大加抨击,即使带有强烈的感情色彩,也不要与之争论不休,而是从积极方面来理解他的抨击。这样,不但对你改正错误有帮助,也避免了语言敌对场面的出现。

总之,作为一名员工应该以你的思想感情、学识修养、道德品质、处世态度、举止风度,做到坦诚而不轻率,谨慎而不拘泥,活泼而不轻浮,豪爽而不粗俗,一定可以和其他同事融洽相处,提高自己团队作战的能力。

承担责任看似简单,但实施起来则很困难。教会领导如何就损害团队的行为批评自己的伙伴是一件不容易的事情。但是,如果有清晰的团队目标,有损这些目标的行为就能够轻易地纠正。

团队合作并非是难以理解的理念,但当所涉及的人是具有坚强意志、自身已经成功的领导时,它极其难以实现。团队合作并非不值得经历这些艰辛,但其回报鲜见且又代价高昂。如果领导没有勇气强迫团队成员去实现团队合作所需的条件,还不如彻底远离这个理念。不过,这又需要另一种勇气——不要团队的勇气。

3.6 培养创新素质

3.6.1 创新素质的构成

1) 创新意识

创新意识是指人们根据社会和个体生活发展的需要,引起创造前所未有的事物或观念的动机,并在创造活动中表现出的意向、愿望和设想。它是人类意识活动中的一种积极的、富有成果性的表现形式,是人们进行创造活动的出发点和内在动力。是创造性思维和创造力的前提。

马斯洛说:"创造性首先强调的是人格,而不是其成就。自我实现的创造性强调的是性格上的品质,如大胆、勇敢、自由、自主性、明晰、整合、自我认可,即一切能够造成这种普遍化的自我实现的东西,或者说是强调创造性的态度、创造性的人。"具有创新意识的人,能够不为传统习惯势力和世俗偏见所左右,敢于标新立异,想常人不敢想的问题,提出自我的独到见解,善于联想,从而能够开辟出新的思想。

2) 创新精神

创新精神是指要具有能够综合运用已有的知识、信息、技能和方法,提出新方法、新观点的思维能力和进行发明创造、改革、革新的意志、信心、勇气和智慧。

创新精神是科学精神的一个方面,与其他方面的科学精神不是矛盾的,而是统一的。例如:创新精神以敢于摒弃旧事物旧思想、创立新事物新思想为特征,同时创新精神又要以遵循客观规律为前提,只有当创新精神符合客观需要和客观规律时,才能顺利地转化为创新成果.成为促进自然和社会发展的动力;创新精神提倡新颖、独特,同时又要受到一定的道德观、价值观、审美观的制约。

创新精神强调的内容不是孤芳自赏,固执己见,也不是在合作过程中人云亦云,而是敢于提出自己的独到见解,帮助团队得到更理想的解决方案。

3) 创新思维

思维有多种形式,有抽象思维、概念思维、逻辑思维、形象思维、意象思维、直感思维、社会思维、灵感思维、反向思维、相关思维,等等,创新思维是其中一个。创新思维就是人们在全方位、多角度观察问题后,跳脱出现实的制约,摆脱传统观念的束缚,寻找新的方式,运用新的方法分析问题的一个思维过程。

4)创新能力

创新能力指人在顺利完成以原有知识经验为基础的创建新事物活动中表现出来的潜在心理品质。创新能力具有综合独特性和结构优化性等特征。遗传素质是形成人类创新能力生理基础和必要的物质前提,它潜在决定着个体创新能力未来发展的类型,速度和水平;环境是人的创新能力提高的重要条件,环境优劣影响着个体创新能力发展的速度和水平;实践是人创新能力形成的唯一途径。实践也是检验创新能力水平和创新活动成果的尺度标准。而创新的能力有一部分是来自坚持不懈的精神,即是说,创新能力是可以在不断积累和不断发问和怀疑中培养出来,甚至可以被逼出来。当我们不能够运用任何一种传统方法去解决一件事情而此项事情必须完成时,我们就会跳出传统方法模式,寻找问题的答案或者解决方案,此时,我们就自然具备了创新能力。

3.6.2　重视创新素质的培养

对于社会而言,创新是一个民族进步的灵魂,是兴旺发达的不竭动力。

对于企业而言,重视创新素质的培养,能够使企业顺应市场发展,提升企业竞争力;能够使企业有效理顺企业内部和外部关系,实施优化;能够有效保证企业盈利空间。

对于从业人员而言而言,创新素质的培养有利于提升个人的整体职业素质,提高职场竞争力。

 案　例

齐白石,本是个木匠,靠着自学,成为画家,荣获世界和平奖。然而,面对已经取得的成功,他永不满足,而是不断汲取历代名画家的长处,改变自己作品的风格。他60岁以后的画,明显地不同于60岁以前。70岁以后,他的画风又变了一次。80岁以后,他的画的风格再度变化。据说,齐白石的一生,曾五易画风;正因为白石老人在成功后仍然马不停蹄,所以他晚年的作品比早期的作品更为成熟,形成独特的流派与风格。

牛顿是世界上最伟大的科学家之一,他对科学的贡献是史无前例的。牛顿的一生有许多伟大的发现:力学三定律、万有引力、光学环、光微粒说、冷却定律以及微积分,然而到了晚年,他的研究陷入了亚里士多德的柏拉图学说的范围而不能自拔。他花了十年的时间来研究上帝的存在,结果自然毫无所得。由此看来,即使是一个伟大的学者,一旦落入陈旧的范畴,就谈不上有丝毫的成就。

任务4　培育以结果为导向的职业思维

结果导向是ISO质量管理体系、绩效管理理论中的基本概念和核心思想之一,即强调经营、管理和工作的结果(经济与社会效益和客户满意度),经营管理和日常工作中表现出来的能力、态度均要符合结果的要求,否则没有价值和意义。

结果导向与单纯强调结果不同,结果导向同时关注过程、状态和能力,只是将结果的要求作为评判过程、能力态度的标准。实践中许多人说的结果导向往往是只关注结果不关注过程,结果可能适得其反。

"注重结果"是现今企业文化中衡量工作中行为有效性的准则。

具体说来,"结果导向"有以下几层含义:

(1)以达成目标为原则,不以困难所阻挠;

(2)以完成结果为标准,没有理由和借口;

(3)在目标面前没有体谅和同情可言,所有的结果只有一个:是,或者非;

(4)在具体的目标和结果面前,没有感情、情绪可言,只有成功,或者失败;

(5)在工作和目标而前,没有"人性"可言,因为客观世界是没有"人性"可言的,因此再大的困难也要"拼";

(6)你的事情没有做成,那就"走人吧!"同情有什么用? 你需要"同情"做什么? 一个老板找不到订单怎么办? 他可以去对谁哭呢?

(7)"管理不讲情",对部下的体谅最后不过是迁就而已;

(8)在客观的困难和异常那边,你可以有一千个理由、一万个理由、十万个理由无能为力、百万个尽心尽力,可是在结果面前来讲,却只有一个简单的结果;

(9)在结果导向面前,我们常常不得不"死马当活马医",我们不会轻易放弃,因为放弃就意味着投降;

(10)事情没有搞定便表示你的产品没有卖出去,你也就没有"营业额";

(11)不要用你的判定挡住了你的去路。

巴格顿的著名论述中提到"在战争中犯错误,将面临死亡的惩罚! 问题是你犯错误可能导致上百士兵的死亡。在战争中,敌人在射击之前是不发警告的! 那不是战争的法则。如果敌人先发现你,他就会先开枪!"结果思维告诉我们的是"重过程、更重结果,得苦劳、更重功劳。"现在的执行力,讲究的只是这么几个字——"结果提前,自我退后。聚集目标,简单重复。"为了达到这样的效果,我们应当注意两点:

(1)重视事情的计划性。计划是完成一项工作的前期准备,在工作中,有效的计划能够使事情有条不紊地发展。工作有目标和计划,做起事来才能有条理,拥有一个好的计划,我们的时间就会变得很充足,不会扰乱自己的神志,办事效率也极高。

(2)带着思考去工作。托马斯·爱迪生说得好:"每一个人都有自己的长处,总会有某件事情他能够做得比其他任何人都要出色。然而,遗憾的是许多人却从来都没有找到过最适合自己的工作,而很大一部分原因是由于他们没有进行思考过。"

在工作中,从业人员应该有意识地多想一想自己的决定是否能够经受住考验,自己的计划是否全面周详,这样或许能够避免很多自以为是、很幼稚的错误,顺利圆满地完成每一项任务。是否带着思考去工作,得出的结果也将出现两种状况:事半功倍或者事倍功半。

任务5　培育以敬业为导向的职业态度

5.1　乐观积极的心态

任何事物都有其两面性,积极的心态是一种肯定的、正面的情绪,是一种对自我的肯定,是一种能够激发自我向上的情绪。

心态的好坏有时候对人有着决定性的作用。积极向上的心态,能够促使从事人员对事情做出积极的判断,即使遇到困难,也能够更好地排解。而消极的心态让从事人员在行事的时候先为自己立下失败的理由,而一遇到困难就临阵脱逃,这样,成功的几率自然下降了很多。

 案　例

在清朝时有一位书生寒窗苦读十年,终于熬到进京赶考的时间。他为了到京城考试已走了好几天的路程,这天终于来到了京城门口。但是这时天色已晚,城门已经关闭。于是他就在附近找了一会儿,终于找到了一户人家,灯火还亮。书生走了过去轻轻地敲了几声说:“有人在家吗?”此时一位四十多岁的中年妇女开了门。奇怪的是她一看到是一位书生立刻把门关上。书生着急地说:“大娘,我是一名书生,为上京赶考而来,由于天色已晚,还望大娘好心让我在此借宿一晚,天一亮就离开!”但是大娘一声不响。书生还在敲门。过了一会儿门再次打开。这是一位二十来岁的漂亮姑娘。姑娘温柔地说:“对不起公子,刚才我娘有得罪之处还请原谅,请进吧!”书生马上回答:“哪里,不该之处是我,三更半夜打扰你们。”大娘急走过来说:“借宿可以,但是只能睡在柴房。”书生心想:寄人于篱下不得不委屈一点,总比睡在街头好。于是就在柴房里睡了一晚。这一晚书生做了三个奇怪的梦。天亮了,书生收拾好行李,刚走了几步撞到大娘。大娘凶巴巴地说:“眼睛瞎了。”书生道歉说:“对不起大娘,我昨晚做了三个奇怪的梦,这使我深思不得其解。”大娘说:“我会解梦,说来听听。”书生说:“第一个梦,我梦见我在墙上种菜。”大娘想了想说:“农民都是把菜种在菜田里,而你却把菜种在墙上,说明你此次上京考试不会中。”这时书生已经低下了头,好像没有了底气。大娘问道:“那第二个梦呢?”书生答曰:“第二个梦是我梦见天下着大雨,我在城外头戴斗笠还打着雨伞。”“你这是‘多此一举’,我的状元爷。”大娘笑着说。这时书生连考试的信心都没有了。为了一线希望他马上把第三个梦说出来:“我梦见我和你女儿背对背一同坐在床前。”大娘生气地说:“你想都别想。”“考取功名想都别想。”书生心里不断地想着这句话,一颗心像泄了气的气球乱窜,于是拿着行李往回家的路上走去。走着走着听到一句温柔又熟悉的声音。“公子,你这是?”姑娘问。书生说:“我昨晚做了三个奇怪的梦,你母亲帮我解开说我上京考试是多此一举,不会高中。”姑娘好奇地回答:“哦? 说来听听。”“是这样的,第一个梦是……”

"你把菜种在墙上,说明你会高中。"姑娘高兴地回答。这时书生抬头想了想:对呀!"那第二个梦是我梦见天下着大雨……""你下雨头戴斗笠,手拿着雨伞。这样说来你这是官上加官。"被她这么一说,书生的信心全部都回来了。"那第三个梦是?"书生有点不好意思地说:"我梦见我和你……"。姑娘脸红地回答:"你翻身的时候到了。"书生头脑突然反应过来,高兴地向姑娘许下终身承诺,答应高中后一定回来娶她为妻,然后快速地跑向城门。后来书生考上状元,同时也兑现了自己的终身承诺。

如何培养乐观积极的心态呢? 从以下几点做起:

1) 言行举止像你希望成为的人

很多人都在等待一种积极的心态,然后付诸行动,这是本末倒置的。积极行动会导致积极思维。

2) 要心怀必胜、积极的想法

美国亿万富翁、工业家卡耐基说过:"一个对自己的内心有完全支配能力的人对他自己有权获得的任何其他东西也会有支配能力。当我们开始用积极的心态并把自己看成成功者时我们就开始成功了。"

3) 用美好的感觉、信心与目标去影响别人

随着你的行动与心态日渐积极,你就会慢慢获得一种美满人生的感觉,信心日增,人生中的目标感也越来越强烈。紧接着别人会被你吸引,因为人们总是喜欢跟积极乐观者在一起。运用别人的这种积极响应来发展积极的关系,同时帮助别人获得这种积极态度。

4) 使遇到的每一个人都感到自己重要、被需要

每个人都有一种欲望,即感觉到自己的重要性,以及别人对他的需要与感激。这是我们普通人的自我意识的核心。如果你能满足别人心中的这一欲望,他们就会对自己,也对你抱积极的态度。一种你好我好大家好的局面就形成了。正如美国19世纪哲学家兼诗人拉尔夫沃尔都爱默生说的:"人生最美丽的补偿之一,就是人们真诚地帮助别人之后,同时也帮助了自己。"

5) 到处寻找最佳的新观念

有积极心态的人时刻在寻找最佳的新观念。这些新观念能增加积极心态者的成功潜力。正如法国作家维克多雨果说的:"没有任何东西的威力比得上一个适时的主意。"

有些人认为,只有天才才会有好主意。事实上,要找到好主意,靠的是态度,而不是能力。一个思想开放有创造性的人,哪里有好主意就往哪里去。在寻找的过程中,他不轻易扔掉一个主意,直到他对这个主意可能产生的优缺点都彻底弄清楚为止。

6) 放弃鸡毛蒜皮的小事

有积极心态的人不把时间精力花在小事情上,因为小事使他们偏离主要目标和重要事项。如果一个人对一件无足轻重的小事情作出反应——小题大作的反应——这种偏离就产生了。以下这些对小事情的荒谬反应值得参考:

瑞典于1654年与波兰开战,原因是瑞典国王发现在一份官方文书中,他的名字后面只有两个附加的头衔,而波兰国王的名字后面有三个附加头衔。

有人不小心把一个玻璃杯里的水溅在托莱侯爵的头上,就导致一场英法大战。

一个小男孩向格鲁伊斯公爵扔鹅卵石,导致瓦西大屠杀和30年战争。

虽然我们每个人不大可能因为一点小事而发动一场战争,但我们肯定能因为小事而使自己周围的人不愉快。要记住,一个人为多大的事情而发怒,他的心胸就有多大。

7)永远也不要消极地认为什么事是不可能的

永远也不要消极地认定什么事情是不可能的,首先你要认为你能,再去尝试、再尝试,最后你就发现你确实能。

我不建议你从你的字典里把"不可能"这个词剪掉,而是建议你要从你的心中把这个观念铲除掉。谈话中不提它,想法中排除它,态度中去掉它,抛弃它,不再为它提供理由,不再为它寻找借口,把这个字和这个观念永远地抛弃,而用光辉灿烂的"可能"来替代它。

5.2 对企业忠诚,认同企业文化

忠诚是指对所发誓效忠的对象(国家、人民、事业、上级)、朋友(盟友)、情人(爱人)或者亲人(亲戚)等真心诚意、尽心尽力,没有二心。

对于企业来说,那些能够根据实际情况提出"诤言",能够提升整个企业的决策能力的人才是最有价值的;那些能够对企业存在的问题直言不讳地提出,帮助改进企业的管理,巩固企业的基础,对企业的长远发展负责的员工,才是最忠诚的人。企业领导人如果能对那些可能有"冒犯嫌疑"的员工、有性情的员工宽容,那么,或许这些员工能为公司发挥更积极的作用,古人有云:"人必有性情而后有气节,有气节而后有功业。"用《汉书》里的几个人物来做参考:对霍光式的能够受顾托之重的元老要礼遇重用;对李陵式的能够打恶仗、硬仗的骨干给予足够的支持;对卫绾式的"郎官有谴,常蒙其罪,不与它将争;有功,常让它将"的管理人员要多表彰;对韩增式的"为人宽和自守,以温颜逊辞承上接下,无所失意,保身固宠,不能有所建明"的干部要辨证看待;对于石显式的"持诡辩以中伤人,忤恨睚眦,辄被以危法"的依靠打小报告来达到自己目的的人要摒弃。

企业文化是企业为解决生存和发展的问题而树立形成的,被组织成员认为有效而共享,并共同遵循的基本信念和认知。企业文化集中体现了一个企业经营管理的核心主张,以及由此产生的组织行为。企业文化在与员工的相互作用中处于主要地位,一个人被一家企业录用而成为这家企业的新员工,这个时候的企业文化代表的是大多数老员工相互作用的结果,一个人与一个整体的相互作用,其结果自然是新员工被同化。

"天命之谓性,率性之谓道,修道之谓教。"拿企业文化来说,天命就是客观规律,率性就是企业文化必须符合客观规律的要求,修道就是员工价值观、理念被企业文化所统一的过程。员工价值观、理念与企业文化的契合,就是修道,企业文化遵守客观规律的要求,就是率性。员工价值观、理念与企业文化的一致,是"诚";员工行为符合企业文化的要求,是"忠"。

忠诚从"诚"开始,通过文化认同强化,在利益共享的情况下实现。我们的企业和员工,只要能遵守这条路径,就一定能实现共同的发展。

5.3 勇于承担责任

责任是分内应做的事情,也就是承担应当承担的任务,完成应当完成的使命,做好应当做好的工作。责任感是衡量一个人精神素质的重要指标。每个人都肩负责任,对待社会、家人、朋友、亲戚、同事,因为如此,一个人才会对自己的行为有约束,不会为所欲为。

在这个世界上,有一种人,他们聪明,机灵,有极强的学习能力,但是往往在工作中不被重用,成绩平平,甚至常出纰漏,究其原因,缺乏责任感。相反,另一类人并无过人之处,但做事却目标明确、坚毅果断、敢作敢当、事业有成,与其共事的人也很信任他,具有良好的信誉,分析原因也很简单,对人、对事、对工作有强烈的责任感。可见,责任感的培养是一个人健康成长的必由之路,也是一个成功者的必备条件。

在这个世界上,没有不需要承担责任的事情,相反,职位越高,权利越大,将承担的责任也就越大。责任感是从业人员必须具备的基本工作态度,只有肩负对企业的责任,真正把工作的事情当作自己的职责,一个人才能够成为尽忠职守、兢兢业业地工作,不断进取。一个缺乏责任感,玩忽职守的人,是不可能成为一名优秀员工的。

有责任心的人工作会很努力、很认真、很仔细,这样就可以确保工作少出错。因为他们有组织性,能够顾全大局,能够服从、协调配合把工作做好,这样就可减少许多工作矛盾,并能发挥团队的作用;他们能够在执行工作前做好周密计划与充分准备,从而把工作做得井井有条;他们为人可靠,能够说到做到,有始有终,承诺过的东西就一定会负责到底;值得信赖,减少你的监督与担忧,让你们的协作进入良性物质循环;他们不会一遇到问题就打退堂鼓,而是会想尽一切办法去解决问题,想方设法去提高效率、保证品质、减少浪费;实在想不出办法、解决不了问题时,他们才会上报寻求协助,绝对不会一碰到问题就找上司并把问题推给上司,且傻等上司的指示;有责任心的人会把圆满完成工作当成自己的义务,并为了完成工作做一切努力,包括努力学习新知识、总结工作经验。他们一切的行为都是为了一个目标——能更有效地完成工作。在工作中,责任心是每个员工必不可少的,无论其职位高低,能力大小。有责任心的人,对自己的工作会表现出积极、认真、严谨的态度,而工作态度决定着开展工作的方式方法,决定着投入工作精力大小,决定着工作效果的好坏。没有责任心或责任心不强的人,即使他的能力极其出众,也不会将其用在工作中,不会尽心尽责地发挥,人浮于事,很难出色地完成工作。

总地来说,责任心是职场的杀手锏,只要具有强烈的责任意识,敢于承担起责任,那么80%的事情都将得到解决。

 案 例

美国标准石油公司曾经有一位小职员叫阿基勃特。他在出差住旅馆的时候,总是在自己签名的下方,写上"每桶4美元的标准石油"字样,在书信及收据上也不例外,签了名,就一定写上那几个字。他因此被同事叫做"每桶4美元",而他的真名倒没有人叫了。

公司董事长洛克菲勒知道这件事后说:"竟有职员如此努力宣扬公司的声誉,我要见见他。"于是邀请阿基勃特共进晚餐。

后来,洛克菲勒卸任,阿基勃特成了第二任董事长。

在签名的时候署上"每桶4美元的标准石油",老板洛克菲勒并没有交代这样的任务,但阿基勃特却主动地做了。也许在他看来,身为标准石油公司的职员,无论职务高低,都有为公司的产品做宣传的责任和义务。

　　和阿基勃特一样,对于主动的人来说,有些事是不必老板交代的。如果老板说:"给我编一本前往欧洲用的密码电报小册子。"主动的人获得老板的需求后,会转身就去寻找密码电报资料,并设身处地为老板着想,认为把小册子做得便于携带、容易查询是必要的,于是用电脑清晰地打出来,编成一本小小的书,甚至用胶装订好。而被动工作的人呢,他们听到老板的要求,会满脸狐疑地提出一个或数个问题:

　　"从哪儿能找到密码电报?"

　　"哪些图书馆会有这样的密码电报资料?"

　　"这是我的工作吗?"

　　"为什么不让查理去做呢?"

　　"急不急?"

　　然后,他会随便简单地编几张纸,完成任务即可。

　　如果你就是老板,你必定会对那个满脸狐疑的家伙随后交来的几张皱巴巴的密码电报纸不放心,必得经过仔细的核对和确认后,才敢在飞往欧洲前把它放入自己的公文包。

　　老板交代的任何事,可以做好,也可以做坏;可以做成60分,也可以做成80分。但只有主动的人,才会把工作做得尽善尽美。主动的人实际完成的工作,往往比他原来承诺的要多,质量要高。无怪乎,主动的人不缺乏加薪和升迁的机会。对于我们而言是不是也一样。

5.4　服从没有任何借口

　　服从,就是毫无条件地执行团队决策者的命令,决不推脱。

　　现在很多公司推崇西点军校的一个教育观念,即"没有任何借口",要求员工在"是"与"不是"两种答案中做出选择。

　　在美国西点军校,有一个广为传诵的悠久传统。学员遇到军官问话时,只能有四种回答:"报告长官,是""报告长官,不是""报告长官,不知道""报告长官,没有任何借口"。除此以外,不能多说一个字。

　　"没有任何借口"是美国西点军校200年来奉行的最重要的行为准则,是西点军校传授给每一位新生的第一个理念。它强化的是每一位学员要想尽办法去完成任何一项任务,而不是为没有完成任务去寻找借口,哪怕是看似合理的借口。秉承这一理念,无数西点毕业生在人生的各个领域取得了非凡的成就。

　　千万别找借口!在现实生活中,我们缺少的不是寻找借口的人,而是那种想尽办法去完成任务的人。在他们身上,体现出一种服从、诚实的态度,一种负责、敬业的精神,一种完美的执行能力。

　　服从,是军人的天职。这个理念在企业中同样值得大力推广,对提高企业业绩无疑是一针强心剂。对每个员工来说,如果贯彻这个理念,工作上无疑会取得很大的突破。这也是良好团队精神的一部分。

　　现在,公司里找借口、互相推诿,和办公室厌倦症一样,如瘟疫般在很多公司里蔓延。公司里找各种借口来搪塞自己的工作和责任的人很多。

一个团队的成员必须学会服从,必须担负起自己应有的责任,这是构建团队精神的基石。但在工作中,我们经常会听到这样或那样的借口。借口就是告诉我们不能做某事或做不好某事的理由,它们好像是"合情合理的解释",冠冕而堂皇:上班迟到了,会有"生病了,起得晚""路上堵车""手表停了""今天家里事太多"等借口;业务拓展不开、工作无业绩,会有"制度不行""行业萧条""别人也做得不行""还有做得比我更差的呢"或"我已尽力了"等借口;事情做砸了有借口,任务没完成有借口。

借口是一种恶劣的传染疾病,很快蔓延到其他人中。

"老王经常找借口不来上班,有时候还把工作推给我做,却一直拿着和我一样的薪水。我付出了比他多几倍的努力,我干嘛这么傻啊?"

"小孙借口说自己家离公司远,每天慢腾腾地到中午才来上班,他的收入居然比我还高呢。"

"他生病?我还头疼呢。"

在很多公司,我们时常可以听到这样的抱怨声。通常,公司里只要有一两个人经常找借口不守纪律,其他人往往就会效仿。这样一来,就形成了互相推诿、互相抱怨的局面,严重影响了公司的团队精神,进而影响到公司的战斗力和经营业绩。

一个小小的借口,可能会毁掉公司一桩大的生意。

一个团队,真正需要的是服从,你在为团队做事,就不要有任何推卸责任的举动,只有这样你的团队才会蒸蒸日上。

服从就要首先认同你的目标,然后热爱你的目标,为实现这个目标积极努力。优秀的员工就如同优秀的士兵一样,他们具有一些共同的特质,他们是具有责任感、团队精神的典范;他们积极主动,富有创造力;他们懂得服从。在一个团队中,这些人都是最好的执行者。他们会把团队打理得井井有条。这种人的个人价值和自尊是发自内心的,是自动自发地、不断地追求完美。团队热忱呼唤这样的员工。

任务6 培育以生存为导向的职业心理

6.1 自我意识

案 例

主人家养着一条狗和一头驴。每天当主人回来时,小狗总是飞快地迎上去,又是摇尾巴又是亲热地叫唤,主人也总是高兴地抚摸小狗,小狗还伸出舌头温柔地舔舔主人的脸。

驴看到这一切心里很是不快,心想自己只这么埋头苦干不行,活干得多还经常挨打,小狗几乎什么都不干生活还挺美,看来自己是要想想办法多与主人联络感情。

这天,拿定主意的驴子在主人回家时候也大叫着迎了上去,把蹄子搭在主人肩上,伸出舌头,主人又惊又怒,使劲把它推开,驴子重重地摔在地上,还被主人狠狠地抽了几鞭子。

看似不公的命运,只是一个简单的道理:适合狗做的事,驴怎么能做呢。

我是谁？这看似一个讽刺性的问题,但是,古希腊德尔斐神庙前竖立着一块石碑,上面镌刻着阿拉伯神谕:认识你自己。古希腊人把认识自己看作是最高智慧。认识自己,不是像失忆症病人所需要忆起的那些简单的客观意识,例如,我叫什么名字,我做什么工作,我是哪里人,这里所提到的认识自己,是深入的、自我的主观意识,如:我想要做什么？我能够做什么？我能够做好什么？

对自己的认识为自我意识主导,具有强烈的主观意识,因而认识自我并不如想象中的轻而易举,也就导致了人们对自我意识的偏差。有的人目空一切,口若悬河,却志大才疏,眼高手低,结果往往一事无成;有的人又过度地看低自己,并不是抱着谦虚的态度学习跟进,而是认为自己技不如人,理应受人牵制。这两种人,一个自傲,一个自卑,二者都难成大器。而正确地认识自己是排除这两种心理障碍的前提。

认识自己的途径:

(1)与他人作比,摆正自己的位子。我们往往有一种错误认识:我就是我,我为什么要和别人比较。而其实,我们都知道人和人之间都存在有共性和差异,当看到一个比自己优秀的人,我们要学会反躬自问:他做到的我都做到了吗？他是怎么做到的？永远不要认为别人仅凭运气。

(2)从别人的态度中认识自己。虽说"一千个读者就有一千个哈姆雷特",由于他人之间的差异性,可能对"我"的认识上有所偏差,但是以他人态度为镜对我们自我审视和观察确有一定作用。例如:别人的抵触情绪可能是由于自己之前并未意识到的过失,即时审视和调整有益进步。

(3)从往事中了解自己。过去的成功和失败都不是过眼云烟,一个善于自我总结的人懂得如何充分地调动自己的记忆。回忆过去的成功能够给人继续前行的信心和勇气,而回忆过去的失败也让人能够认识到自己的劣势,以便在往后的工作和生活中更好地扬长避短,利用自己成功的经验,去弥补遗憾。

认识自己的过程中应注意的问题:

(1)要正确认识社会、认识人生。

(2)要依据客观事实自我审视。虽然人的认识来源于客观,来源于反馈回来的信息,但是,人在对自我的思考上,客观上的评价只能对人的自我认识过程起作用,无法决定人的主观评价。自我审视过程中,要充分依据客观事实,听取客观评价,才能对自我有正确的认识。

6.2　自我激励

一个人在高山之巅的鹰巢里,抓到了一只幼鹰,他把幼鹰带回家,养在鸡笼里。这只幼鹰和鸡一起啄食、嬉闹和休息。它以为自己是一只鸡。这只鹰渐渐长大,羽翼丰满了,主人想把它训练成猎鹰,可是由于终日和鸡混在一起,它已经变得和鸡完全一样,根本没有飞的愿望了。主人试了各种办法,都毫无效果,最后把它带到山顶上,一把将它扔了出去。这只鹰像块石头似的,直掉下去,慌乱之中它拼命地扑打翅膀,就这样,它终于飞了起来!

自我激励是一种强烈的自我暗示,是自身产生的一种想要去完成一件事情、达到某个目标的成功意识。自我激励的人能够把消极的因素转化为积极因素。他们能够加强积极的方面,忽视消极因素。通常在陌生环境下,自我激励的人会直面内心的恐惧和害怕,给予自己身体和精神上的支持。自我激励不仅在事业上很有帮助,在人们的生活中也很有帮助。就像勇敢面对生活的人,往往是那些能够鉴别,并且抓住机会的人。自我激励的人有很强的自尊心和自我意识,他们能够战胜困难。拥有很强的自我激励意识,就不会体验到后悔的感觉。

在工作中,自我激励可以促使一个人自觉地完成工作并且推陈出新。自我激励的人非常专注于自己的目标,不会让任何事情阻碍他们实现目标的进程。自我激励的人非常清楚怎样去做才会成功。他们自己寻找灵感和动力,并通过自我肯定成为一个团队中的骨干力量。

自我激励的方法:

(1)树立远景。众所周知,拥有明确目标的人比没有目标的人更容易成功。迈向自我塑造的第一步,是要有个你每天早晨醒来都还是愿意为之奋斗的目标,它就像一个指南针,在人生的航向上让你保持清醒,不要迷失。远景必须即刻着手建立,而不要往后拖,你可以按自己的想法对远景做些适当的调整和改变,但不能一刻没有远景。

(2)离开舒适区。不要一直躺在舒适区,它会让你停滞不前。舒适区只是避风港,不是安乐窝。它只是烈日下你休养生息的树阴。我们要不断挑战和激励自己,提防自己。

(3)慎重择友。近朱者赤,近墨者黑。对于那些不支持你目标的"朋友",要敬而远之。要知道你所交往的人可能会改变你的价值观。与愤世嫉俗的人为伍,他们就会拉你沉沦。结交那些希望你快乐和成功的人,你就在追求快乐和成功的路上迈出最重要的一步。对生活的热情具有感染力。因此同乐观的人为伴能让我们看到更多的人生希望。

(4)把握好情绪。人遇到高兴的事而心情愉悦时,大脑内神经调节物质乙酰胆碱分泌增多,血液通畅,皮下血管扩张,血流通向皮肤,使人容光焕发,给人一种精神抖擞、神采奕奕、充满自信的感觉;相反,当人过度紧张、情绪低落时,体内茶酚胺类物质释放过多,肾上腺素分泌增加,使动脉小血管收缩,供应皮肤的血液骤减,使人面色苍白或蜡黄。记住,快乐是天赋权利。首先就要有良好的感觉,让它使自己在塑造自我的整个旅途中充满快乐,而不要再等到成功的最后一刻才去感受属于自己的欢乐。

(5)迎接恐惧。世上最秘而不宣的体验是,战胜恐惧后迎来的是某种安全有益的东西。哪怕克服的是小小的恐惧,也会增强你对创造自己生活能力的信心。如果一味想避开恐惧,它们会像疯狗一样对你穷追不舍。此时,最可怕的莫过于双眼一闭假装它们不存在。

(6)走向危机。危机会让我们竭尽全力,甚至爆发出某些以往从未显现的潜能。无视这种现象,我们往往会愚蠢地创造一种追求舒适的生活,努力设计各种越来越轻松的生活方式,使自己生活得风平浪静。当然,我们不必坐等危机或悲剧的到来,从内心挑战自我是我们生命力量的源泉。圣女贞德(Joan of Arc)说过:"所有战斗的胜负首先在自我的心里见分晓。"

(7)精工细笔。自我激励,如绘巨幅画一样,要把握每个细枝末节,精工细笔。如果把自己当作一幅正在描绘中的杰作,你就会乐于从细微处做改变。一件小事做得与众不同,也会令你兴奋不已。总之,无论你有多么小的变化,点点都于你很重要。

(8)敢于犯错。有时候我们不做一件事,是因为我们没有把握做好。我们感到自己"状态不佳"或精力不足时,往往会把必须做的事放在一边,或静等灵感的降临。你可不要这样。如果有些事你知道需要做却又提不起劲,尽管去做,不要怕犯错。给自己一点自嘲式幽默。抱一种打趣的心情来对待自己做不好的事情,一旦做起来了尽管乐在其中。

(9)加强排练。先"排演"一场比你要面对的局面更复杂的战斗。如果手上有棘手活而自己又犹豫不决,不妨挑件更难的事先做。生活挑战你的事情,你定可以用来挑战自己。这样,你就可以开辟一条成功之路。成功的真谛是:对自己越苛刻,生活对你越宽容;对自己越宽容,生活对你越苛刻。

 案　例

我是拿破仑

　　有一个法国人,42岁了仍一事无成,他自己也认为自己简直倒霉透了:离婚、破产、失业……他不知道自己的生存价值和人生意义。他对自己非常不满,变得古怪、易怒,同时又十分脆弱。有一天,一个吉普赛人在巴黎街头算命,他随意一试。

　　吉普赛人看过他的手相之后,说:"你是一个伟人,您很了不起!"

　　"什么,"他大吃一惊,"我是个伟人,你不是在开玩笑吧?!"

　　吉普赛人平静地说:"您知道您是谁吗?"

　　"我是谁?"他暗想,"是个倒霉鬼,是个穷光蛋,我是个被生活抛弃的人!"

　　但他仍然故作镇静地问:"我是谁呢?"

　　"您是伟人,"吉普赛人说,"您知道吗,您是拿破仑转世!您的身体流的血、您的勇气和智慧,都是拿破仑的啊!先生,难道您真的没有发觉,您的面貌也很像拿破仑吗?"

　　"不会吧……"他迟疑地说,"我离婚了……我破产了……我失业了……我几乎无家可归……"

　　"哎,那是您的过去,"吉普赛人只好说,"您的未来可不得了!如果先生您不相信,就不用给钱好了。不过,五年后,您将是法国最成功的人啊!因为您就是拿破仑的化身!"

　　他表面装作极不相信地离开了,但心里却有了一种从未有过的伟大感觉。他对拿破仑产生了浓厚的兴趣。回家后,就想方设法找与拿破仑有关的书籍著述来学习。渐渐地,他发现周围的环境开始改变了,朋友、家人、同事、老板,都换了另一种眼光、另一种表情对他。事情开始顺利起来。

　　后来他才领悟到,其实一切都没有变,是他自己变了:他的胆魄、思维模式都在模仿拿破仑,就连走路说话都像。

　　13年以后,也就是在他55岁的时候,他成了亿万富翁,法国赫赫有名的成功人士。

项目小结

从业人员的职业素养包含职业知识、职业技能、职业观念、职业思维、职业态度以及职业心理六个方面的内容。

知识是人类在改造自然和社会的实践活动中所获得的认识和经验的综合,是人对社会客观事物的科学认识。它反映着客观世界各个领域物质运动和社会发展的规律,是人类改造自然、改造社会、争取自由的有力武器。知识结构则是指一个人所拥有的知识体系构成情况与结合方式,它是由诸多要素组合而成的有序的、有层次的整体信息系统。

职业技能,即从业人员在参与职业活动中所需要掌握和能够体现的操作能力。我们以其是否与职业活动相关来界定。职业技能发展受到生产力和科技发展水平、教育、政策导向和个体因素四个方面的影响。

职业观念包含工作价值观、效益观、时间观、危机观、团队协作观以及创新观六个方面内容。

结果导向是 ISO 质量管理体系、绩效管理理论中的基本概念和核心思想之一,即强调经营、管理和工作的结果(经济与社会效益和客户满意度),经营管理和日常工作中表现出来的能力、态度均要符合结果的要求,否则没有价值和意义。结果导向的职业思维要求我们重视计划的重要性,带着思考去工作。

乐观积极的心态;对企业忠诚;勇于承担责任;服从没有任何借口是每个员工应有的职业态度。

职业心理要求从业人员有自我意识,懂得自我激励。

总之,只有拥有良好的职业素养,才能适应现在知识型社会主义经济的发展,才能在工作岗位中游刃有余。

思考和训练

1. 知识结构的类型?
2. 职业技能测试的原则?
3. 简述效益观所包含的三方面内容。
4. 结果导向的定义。
5. 如何培养乐观积极的心态?
6. 认识自己的途径。

項目 **7**

公务礼仪

中国自古就是礼仪之邦,礼仪对于我们炎黄子孙来说,更多的时候能体现出一个人的教养和品位。真正懂礼仪讲礼仪的人,无论何时何地,都以最恰当的方式去待人接物。

礼仪是人际关系中的一种艺术,是人与人之间沟通的桥梁,礼仪是人际关系中必须遵守的一种惯例,是一种习惯形式,即在人与人的交往中约定俗成的一种习惯做法。礼仪对规范人们的社会行为,协调人际关系,促进人类社会发展具有积极的作用。

要真正了解礼仪,有必要先来明确礼仪的基本含义。在一般人的表述之中,与"礼"相关的词最常见的有三个,即礼仪、礼节、礼貌。在大多数情况下,它们是被视为一体,混合使用的。其实,从内涵上来看,三者不可简单地混为一谈。它们之间,既有区别,又有联系。

礼貌,一般是指在人际交往中,通过言语、动作向交往对象表示谦虚和恭敬。它侧重于表现人的品质与素养。

礼节,通常是指人们在交际场合,相互表示尊重、友好的惯用形式。它实际上是礼貌的具体表现方式。它与礼貌之间的相互关系是:没有礼节,就无所谓礼貌;有了礼貌,就必然伴有具体的礼节。

礼仪,则是对礼节、仪式的统称。它是指在人际交往之中,自始至终地以一定的、约定俗成的程序、方式来表现的律己、敬人的完整行为。显而易见,礼貌是礼仪的基础,礼节是礼仪的基本组成部分。换言之,礼仪在层次上要高于礼貌、礼节,其内涵更深、更广、更多。礼仪,实际上是由一系列的、具体的、表现礼貌的礼节所构成的。不过从本质上讲,三者所表现的都是待人的尊敬、友善。

有鉴于此,为了更完整、更准确地理解"礼",采用礼仪这一概念来对此加以表述,是最为可行的。站在不同的角度上,往往还可以对礼仪这一概念作出种种不同的殊途同归的解释。从个人修养的角度来,礼仪可以说是一个人的内在修养和与素质的外在表现。礼仪即教养与素质体现于个人的行为举止中。从道德的角度来看,礼仪可以被界定为为人处世的行为规范,或者标准做法、行为准则。从交际的角度来看,礼仪可以说是人际交往中适用的一种艺术,也可以说是一种交际方式或交际方法。从民俗的角度来看,礼仪既可以说是在人际交往中必须遵守的律己敬人的习惯形式,也可以说是在人际交往中约定俗成的示人以尊重、友好的习惯做法。简言之,礼仪是待人接物的一种惯例。从传播的角度来看,利益可以说是一种在人际交往中相互沟通的技巧。从审美的角度来看,礼仪可以说是一种形式美,它是心灵美的必然的外化。

了解上述各种对礼仪的诠释,可以进一步地加深对礼仪的理解,并且更为准确地对礼仪进行把握。

任务 1　形象礼仪的学习

1.1　形象礼仪概述

形象礼仪,主要是指从业人员个人形象的一系列具体的礼仪规范。包括仪表、着装、言谈、举止等,属于个人礼仪的范畴。几千年的人类文明史证明,人们对文雅的仪风和悦人的仪态一直孜孜以求。而今,随着现代社会人际交往的日渐频繁,人们对个人的礼仪更是倍加关注。从表面看,个人礼仪仅仅涉及个人穿着打扮、举手投足之类无关宏旨的小节小事,但小节之处显精神,举止言谈见修养。个人礼仪,作为一种社会文化,不仅事及个人,而且事关全局。若置个人礼仪规范而不顾,我行我素,必然授人以柄,小到影响个人的自身形象,大到足以影响社会组织乃至国家和民族的整体形象。良好的礼仪风范,出众的形象风采,是我们自尊尊人之本,更是我们立足、立业之源。

1.1.1　形象魅力

人们往往以为形象就是指发型、衣着等外表的东西,事实上,现代意义上的形象包括仪容、仪表以及仪态各方面的内容。良好的个人形象不仅是指把自己装扮得美丽、英俊,最主要的是要使自身服饰、气质、言谈举止、发型、仪容等与职业、场合以及性格、性别相吻合,使自己成为极富形象魅力的人。良好的个人形象能够增加个人成功的几率,而不适宜的形象则会给个人成功带来负面影响。

形象魅力分为外在特征和内在特征。形象魅力外在特征主要是指外表吸引力,包括五官、身体、发式及化妆等,这些是非常表面的特质。形象魅力的重要内在特征就是人们常说的人格魅力。内在魅力另一重要特征是知性魅力,即魅力形象具有学识和智慧和才华。才华、学识,是一种知性魅力,是一个人博学多知、善于思考、观念新颖、思路清晰、见解独特、风趣幽默等综合素质的体现。

1.1.2　仪表风度

仪表是指人的外表,风度是指美好的举止姿态。一般来说,仪表风度包括人的仪容、装束、谈吐和举止四个方面,是一个人精神面貌和内在素质的外在表现,也反映了一个人的性格、气质、审美情趣和道德修养。

我们应当养成优美、高尚、文明、雅致的风度,具有一种风度美。男士的风度应体现阳刚之美,表现为豁达开朗,举止大方,刚健正直,奋发进取;女士的风度应体现柔和之美,表现为热情大方,举止端庄,谈吐文雅,装扮得体。

1.1.3 言谈举止

语言的应用能力,往往最鲜明地体现了一个人的文化修养、思维和实践能力、社会阅历和经验,是一个人综合素质的体现,在社会人际交往中占有极重要的地位。

举止行为,在社会活动中,具有向交际对象传输某些信息的作用,表示友好、敬意的作用,在公务场合中,必须遵守相应的行为规范。

学习和掌握言谈举止的礼仪,就在于准确运用语言和正确运用肢体语言,提高交际质量,保证交际效果,顺利完成公务。

1.2 形象礼仪要求与实务

1.2.1 仪容礼仪

仪容是一个人的外观容貌,是形成良好礼仪形象的基本要素。注重仪容不仅是自尊、自重、自爱的表现,也是对他人的尊重。不仅会给人们留下良好的"第一印象",还有利于与人沟通,有利于工作的拓展。

仪容应与职业特点相适应,符合场合、活动的要求,力求做到整洁美观、简约朴实、自然得体。重点应注意以下几个方面:

1)头发修饰

发式是仪容的重要组成部分,也是一个人的亮点。头发整洁、发型得体是个人礼仪的基本要求。头发应保持秀美、干净、整齐的状态。发型选择应与职业、身份、气质相符合,与脸型、肤色、体型相匹配。

男士发型应体现出传统、庄重、得体、自然的风格。一般头发不得盖住耳朵、眉毛、普通衬衫领子,不得留长发、蓄胡须,不得剃光头,不得漂染彩发。

女士发型应体现出庄重、典雅、大方、秀美的风格,发型不可怪异前卫,不得留寸头,不应漂染艳丽彩发。

2)面部清洁

面部清洁除注意勤洗脸外,应注意保持面部美观整洁。应注意以下细节:

(1)办公时不戴墨镜或有色眼镜。

(2)去除异味。应保证口腔不出异味。工作前不能喝酒,不应食用带异味的食品,尤其是参加重要应酬前,应忌食葱、蒜、臭豆腐等气味过重的食物,以免引起他人反感。

(3)禁止异响。在工作或社交场合,不应发出打哈欠、吐痰、清嗓、吸鼻、打嗝等不雅的声音。如不慎发出异响,应向身边人道歉。

3)手部美化

要保持双手的清洁,养成经常洗手的习惯。要经常修剪与洗刷指甲,不让污垢残存。应注意以下细节:一是不能当众修剪指甲或用牙齿啃指甲;二是不要留长指甲,不宜涂染颜色艳丽的指甲油。

4)正确化妆

化妆是一种借助各种美容用品来修饰自己的仪容、美化自我形象的行为。女士工作时间略施淡妆,会显得端庄美丽、稳重大方,也是对服务对象的尊重。

化妆的基本原则:

第一,美化。在化妆时应注意适度矫正,做到修饰得法,以使自己化妆后能够避短藏拙。

第二,自然。化妆要自然、淡雅,不宜夸张。

第三,得法。化妆虽讲究个性化,却也应注意方法。例如,工作时间应化淡妆;社交场合,白天淡妆,晚上可浓重些。香水不宜涂在衣服上和容易出汗的地方。

第四,协调。在化妆时,应使妆面协调、全身协调、场合协调、身份协调,以体现出自己的不俗品位。

化妆应注意以下细节:一是不当众化妆,不在异性面前化妆;二是不因化妆太浓、太重而妨碍别人;三是不要使妆面出现残缺;四是不借用别人化妆品;五是不评论别人的化妆。

1.2.2 着装礼仪

在人际交往中,着装在一定程度上反映一个人的阅历修养、文化品位和审美情趣,也体现着所在民族的习俗、社会的风尚、个人的地位和身份等,是个人礼仪的重要体现,也是事业成功者的基本素养。

在各种正式场合,都应注重个人着装,体现自己的仪表美和个人的修养,增加交际魅力,给人留下良好的印象,使人愿意与其深入交往。同时还应通过着装,体现执行公务时的严肃性。着装应重点注意面料、色彩、款式的选择,正确区别不同场合,掌握佩饰艺术,体现性别差异等。

1) 正确选择面料、色彩和款式

(1) 选择面料

服装的面料不仅可以诠释服装的风格和特性,还直接左右服装的色彩、造型、档次等。选择在社交场合的着装,应首先选择纯棉、纯毛、纯丝、纯麻的面料。

(2) 正确选择色彩

在选择服装色彩时,应考虑色彩对服装和周边环境所产生的作用,掌握色彩的搭配技巧。穿着正装,应注意遵循三色原则,即:将全身服装的色彩控制在三种色彩以内,以保持正装在色彩上的规范、简洁、和谐,体现庄重、传统、典雅的风格。

(3) 选择款式

选择服装和款式,应考虑 TPO 原则和各种不同场合的不同要求。"TPO"原则,即着装要考虑到时间"Time"、地点"Place"、场合"Occasion",是有关着装礼仪的基本原则之一。是要求人们在选择服装、考虑其具体体款式时,首先应当兼顾时间、地点、场合,并应力求使自己的着装及其具体款式与着装的时间、地点、场合协调一致,较为和谐般配。

2) 正确适应场合

着装的场合可分为公务场合、社交场合和休闲场合三类。公务员着装应以庄重大方、朴实得体、整洁美观为突出特点,既要与职业和出入场所相和谐,又要与气候环境和自身形象相和谐。

(1) 公务场合着装

工作时间应着制服、套装、套裙、工作服等职业装,应根据规定佩带工作牌。穿着职业装,不仅是对服务对象的尊重,同时也是对职业的一种自豪感、责任感,是敬业、乐业在服饰上的具体表现。在公务或正式场合应穿正装,不允许穿牛仔装、运动装、沙滩装、家居装等。

（2）社交场合着装

社交场合主要指会见、访问、宴会、晚会、聚会、庆典等应酬交际场合。出席这类较为隆重、正规的社交场合，着装应讲究。女士应突出时尚个性，可穿套装或民族服装，颜色以高雅艳丽为宜。男士可穿颜色深一点的西装，加上白色衬衣和颜色协调的领带。在一些气氛较活跃的场合，可穿着色彩、图案活泼一些的服装，如花格呢、粗条纹、淡色服装，最好不要穿制服或便装。

参加一些喜庆场合活动，如欢度节日或纪念日、亲友聚会、联欢会、出席婚礼、生日庆祝等，可穿着时尚潇洒、鲜艳明快的服装。

参加悲伤场合活动，如向遗体告别、出席葬礼、祭扫陵墓以及慰问逝者家属等，着装应简洁素雅、严整肃穆。

（3）休闲场合着装

休闲场合通常是指旅游、游园、运动等。参加这些场合穿着应自然舒适、时尚潇洒，方便实用。可穿着休闲西服、夹克衫、体恤衫、运动服等，在搭配方面可自由发挥。但不宜穿过于正规。

3）掌握佩饰艺术

饰品，是指人们在着装的同时所选用、佩戴的装饰性物品。它对于人们的穿着打扮，尤其是对于服装而言，能起到辅助、烘托、陪衬、美化的作用。

佩戴饰物是一门艺术，既要使饰品发挥其应有的美化、装饰功能，又要在选择、搭配、使用饰品时合乎常规、恰当得体。佩戴饰物，既要考虑自己的职业特点、自身条件，与自己的身份相符合，又要与时间、地点、场合相符合。

应力求淡雅朴实，要少而精，简而雅，摒弃华丽、浓艳与奢侈。

佩戴饰物应注意以下细节：

第一，注意场合。上班、运动或旅游，可不戴或少戴首饰。一些高档饰品，尤其是珠宝饰品，适合在隆重的社交场合佩戴，不适合在工作、休闲时佩戴。公务场合切忌佩戴大耳环、脚链等。晚宴、舞会或喜庆场所应适当佩戴首饰，但应注意不要靠佩戴首饰去标新立异。吊唁、丧礼场合只适合戴戒指、珍珠项链和素色饰品。

第二，注意协调。一般佩戴金银珠宝首饰不应超过三种，在色彩、质地上应协调一致。只有数量恰当，搭配协调才会产生美感，才能体现出良好的教养和高雅的品位，达到锦上添花的效果。

第三，注意品质。佩戴首饰时，若同时佩戴两件或三件饰品，应使其质地相同。男士佩戴纪念章以小巧、精致为佳，不要佩戴粗制滥造之物。

第四，注意搭配。佩戴首饰应尽量与服装协调，应把佩饰视为服装整体上的一个环节，应兼顾服装的质地、色彩、款式，使之在搭配、风格上相互般配。例如，穿着考究的服装就应配上华贵的首饰；穿着飘逸轻柔的服装，应配上精巧玲珑的首饰；穿着厚重挺括的服装，应配上浑圆大气的首饰。衣服领口大的可选择长项链；领口小的可选择短项链，等等。

第五，注意季节。佩戴饰物时，应与季节相符合。季节不同，所戴饰品也应不同。金色、深色饰品适合于冷季佩戴；银色、艳色饰品适合于暖季佩戴。

第六，注意体形。佩戴饰物时，应使饰品弥补体形上的缺点。选择饰品时，应充分考虑自身的形体特点，使饰品的佩戴能起到扬长避短的作用。

第七，注意性别差异。男士与女士佩戴饰物应注意性别差异。男士与女士不同的是，场合越正规,佩饰就应当越少,尤其应避免在腰间佩戴过多物品(如:手机、钥匙、玉佩等)。

4)着装要求

(1)男士着装

男士在正式场合着装一般应穿深色西服,白色或浅色衬衣,系领带,穿深色皮鞋、深色袜子,全身上下应保持在三种色彩之内。

男士穿着西装应注意以下细节:

穿单排两扣西装,只扣上面一个扣子;单排三扣西装,一般可扣上面两个或中间一个扣子;双排扣西装,应将纽扣都扣上。正式场合穿西装一般应扣上扣子,落座后可敞开。

穿西装时,衬衣袖应比西服袖略长,衬衣领应高出西装领1厘米左右。穿长袖衬衣系领带,袖口不应松开和挽起。若不系领带时,衬衫的第一粒纽扣不要扣上。如系领带,应将下摆扎在裤内。隆重场合穿西装时,衬衣的颜色最好是白色的。

西装的衣袋或裤兜里不宜装过多的东西。钢笔、钱包、名片夹等必要物品应放在西服内侧口袋里,左侧外胸口袋可插入装饰用的真丝手绢,其他物品不应放入。

领带颜色应与西装色彩相配,以单色、深色为主。色彩和图案不应过于艳丽和奢华。领带不能太短,长度以尖端盖住皮带扣为宜,如穿马甲时,领带应放在里面。

穿深色西装、黑皮鞋时切忌配白色袜子或穿西服配运动鞋、布鞋。

(2)女士着装

女士穿着应与职业、场所相符合,与时间、气候相适应。

女士着装应注意以下细节:

在正式场合应以典雅大方的套装为主,也可穿套装、长旗袍、传统民族服装。套装颜色应以冷色调为主,上衣内穿浅色衬衣,衬衣下摆扎入裙(裤)腰内。套装穿着要合体,袖长及腕,裙长过膝,裤长应至脚面。

与套装、礼服、长旗袍配套的鞋子应为皮鞋,颜色以黑色、棕色为宜,高度适中。穿传统民族服装时可穿软底鞋、平跟鞋、布鞋。不应穿鞋拖和鞋跟打铁的鞋。鞋带松了不要当众整理。

穿着不能过于华丽和时髦,不得穿低胸、露背、露脐、太透或无袖上衣;不得穿前卫紧身装、牛仔装、超短裙、吊带裙等。切忌全身五颜六色,过于花哨。切忌穿着抽丝,漏洞的袜子。

1.2.3 言谈礼仪

言谈是人们运用语言表达思想、沟通信息、交流感情的重要方式,说话的内容,语气声态及伴随说话时的表情、动作等。它反映了一个人的思想水平、知识修养、道德品质和语言表达能力,也是礼仪形象的重要体现。

言谈礼仪是对在一般场合所进行的各种言谈所作的具体规范。我们要熟知和掌握语言表达的基本方式,自觉遵守谈吐礼仪规范。

1)言谈的礼仪规范

(1)态度端正

在公务活动中,言谈应以诚为本,诚心待人,用热情和平易近人的态度拉近与听话人的距离,给人以可信度和安全感。

(2)神情专注

在谈话时,应精力集中,神情专注。不能左顾右盼,东张西望,也不能边说边做其他事情,如:翻书、看报纸、批阅文件等,表现出漫不经心、心不在焉的样子,影响对方的谈话兴趣和交谈的热情。

（3）内容适宜

谈话内容应根据交谈的实际情形而定。有明确话题时,谈话内容就要相对集中;没有明确话题时,则可以选择一些健康有益的、对方感兴趣的、令人愉悦的话题。

（4）表达得体

在表达方面要得体,应根据不同场合、不同对象、不同内容使用不同的语气措辞和语调声态。

2）言谈的要求

（1）准确简洁

谈吐时应把意思准确无误地表达出来,做到吐字清晰,措辞准确,抓住要害,把握要领,注意简洁,切忌啰嗦。

（2）生动通俗

谈吐语言要生动,要有活力、有感染力。要使语言生动,首先应口语化,应多运用大众化的语言,不应满口文绉绉的书面语言。应学会运用一些语言表达手段,如:举例子,打比方,讲故事,用典故,甚至是有趣见闻、健康笑谈等。

（3）文明礼貌

与人交流时要讲究文明礼貌,既要注意谈话内容,又要讲究谈话方式,使用文明语言;既要注意谈吐本身的问题,又要注意伴随谈吐的表情动作。

1.2.4 举止礼仪

举止,是指人们的仪姿、仪态、神色、表情和动作,是一种"无声语言",它真实地反映了一个人的素质、受教育的水平及能够被人信任的程度。

在公务活动中,举止动作不仅要气宇轩昂,庄严大度,使人肃然起敬,而且还应表现得有规可循,合乎礼仪,让人觉得和蔼可亲。因此,举止应该要符合身份,适合场合,得体适度,保持风度。应坐有坐相,站有站姿,做到规范自然、稳重大方、美观优雅、文明敬人。

1）表情

表情是面部动作,是内心情感在面部的表现。在人丰富多彩的表情中,眼神和微笑最具礼仪功能和表现力。在公务活动中主要运用的是眼神、微笑等表情。

（1）眼神

眼睛最能有效地传递信息和表达感情。俗话说:"眼睛是心灵的窗户。"从一个人的眼睛中可以看到他的内心世界。

在公务活动和社会交往中,眼神运用要符合一定的礼仪规范,应在不同的场合运用不同目光。如:见面时要目光对视或行注目礼;与人交谈时,目光应该注视对方。发表讲话时要用目光扫视全场等。

运用眼神应注意以下细节:

如果对对方的讲话感兴趣时,要用柔和友善的目光正视对方的眼区,内心充溢着爱慕、友善和敬意。

如果要中断谈话,可以有意识将目光稍微转向他处。

当对方说了幼稚或错误的话显得拘谨害臊时,不要马上转移自己的视线,而应继续用柔和理解的目光注视对方。

当对方缄默不语时,不应再看着对方,以免加剧尴尬局面。

当双方谈话谈得很投机时,不应东张西望,那样会让对方认为你听厌烦了。

(2)微笑

微笑是一种健康文明的举止,是社交场合中最富吸引力、最令人愉悦、也是最有价值的面部表情。微笑是打开成功交往的一把金钥匙,是化解矛盾和冲突的神奇力量,是社交成功的重要因素。

微笑应做到亲切自然、真诚温馨、发自内心。规范的微笑应是不发声、不露齿,肌肉放松,嘴角两端向上略向提起,而含笑意。微笑时应防止生硬、虚伪和勉强。

在公务活动和社会交往中,应保持微笑,表现出友善、诚信、谦恭、和谐、融洽等美好的状态,反映出自信、涵养与和睦的人际关系以及健康的心理。

在工作过程中,应通过轻松友善的微笑,赢得服务对象的赞赏,获得良好的声誉,为事业成功打下基础。

2) 站姿

站立是人的最基本的姿势,是一种静态的美。优美、典雅的站姿,是培养仪态的起点,是培养其他动态美的基础。良好的站姿能衬托出美好的气质和风度。

站姿的基本要求是抬头挺胸、微收下颌、双目平视、面带笑容;双肩平直、舒展、收腹立腰;双腿直立、女士双腿双脚靠紧,男士可双脚微分,但不宜超过肩宽。动作要平和自然。

站姿应给人以挺拔笔直、轻松自然、舒展俊美、精力充沛、积极进取、充满自信的感觉。女士站姿应体现优美,男士站姿应突出稳健。

男士工作中的站姿应双脚平行,也可调整成"V"字形,双手搭在小腹之前或双手自然垂下,也可以在体前交叉或背手。

女士工作中的站姿,双脚可调整"V"字形或"Y"字形,右手搭在左手上,贴在腹部。

站立应注意以下细节:

站立时不要有歪脖、斜腰、屈腿等不雅观的姿态。

正式场合不要袖手、抱臂、耸肩、抖足、双手叉腰及双手插在口袋里。

站累时,单腿可以后撤半步,身体重心可前后移动,但双腿必须保持直立。

3) 坐姿

坐姿是非常重要的仪态,是一种静态的造型。坐姿文雅,坐得端庄,不仅给人以沉着、稳重、冷静的感觉,而且也是展现自己气质与风范的重要形式。端庄优雅的坐姿能体现一个人的礼仪修养。

在日常工作和生活中的坐姿应是"坐如钟",做到稳重文雅、端庄大方。

(1)男士坐姿应体现自信、豁达。坐姿主要有几种类型:

标准式。上身正直上挺,双肩正平,两手放在两腿或扶手上,双膝并拢,小腿垂直地落于地面,两脚自然分开成45°。

前伸式。在标准式的基础上,两小腿前伸一脚的长度,左脚向前半脚,脚不要翘起。

曲直式。左小腿回曲,前脚掌着地,右脚前伸,双膝并拢。

入座时,应从左边入座。应在进入基本站立的姿态,后腿能够碰到座位边缘后,再轻轻坐下。坐定后,上体挺直,下颌微收,双目平视,双手分别放在膝盖上或沙发的扶手上,也可以双手相叠或相握。

(2)女士坐姿应体现端庄、优雅。坐姿主要有几种类型:

双腿垂直式。双腿直于地面,双脚的脚踝、膝盖直至大腿并拢在一起,双手自然放在双腿上,脊背伸直,头部摆正,目视前方。

双腿斜放式。座椅较低时,应采用双腿斜放式,即双腿并拢后双腿同时向右侧或左侧斜放,并与地面成 45°左右的夹角。

正式场合女士入座时,应以轻盈和缓的步履,从容自如地走到座位前,从座位的左侧入座,先退半步平稳地落座,坐椅面的一半或三分之二。穿着裙装的女士,入座时要用手先拢平裙摆,然后再坐下。落座动作要协调,声音要轻。坐定后,两手相叠后自然放在双腿上。

(3)坐姿还应注意以下细节:

入座后两手不可同时放在扶手上,不得半躺在沙发上。

不要跷二郎腿,不能不停地抖动双腿或摇摆腿脚。

女士不要等坐下后再重新站起来整理衣裙。

不要把脚藏在座椅下或钩住椅腿。

不要猛起猛坐,弄得座椅乱响。

女士切忌两腿叉开,腿伸得老远。

4)蹲姿

蹲姿多用于捡拾物品、团体照相、帮助别人或照顾自己。蹲姿尽管使用频率不高,却能体现一个人的举止修养。规范的蹲姿是:下蹲时两腿合力支撑身体,腰背应挺直,身体放松,从而使蹲姿显得优美。

蹲姿有两种基本形式:高低式蹲姿和交叉式蹲姿。

(1)高低式蹲姿

下蹲时左脚在前,右脚在后;左小腿垂直于地面,全脚掌着地;右脚跟提起,脚前掌着地;左膝高于右膝,两腿靠紧慢慢向下蹲,臀部向下坐在右腿肚上,上身稍向前倾;以左脚为支撑身体的主要支点。

(2)交叉式蹲姿

下蹲时右脚在前,左脚在后;右小腿垂直于地面,全脚着地,左腿在后与右腿交叉重叠,左膝向后伸向右侧,左脚跟抬起,脚掌着地,两脚靠紧,合力支撑身体。

(3)蹲姿应注意以下细节:

女士下蹲应注意两腿紧靠,应保持典雅优美的姿态,不应低头、弯腰、翘臀,不应双腿平行叉开。

男士下蹲双腿可以有一定的距离,应保持端庄文雅的姿态。切忌面对他人下蹲、背对人下蹲和双腿平行叉开下蹲。

5)行姿

行姿是一种动态造型,轻快自然、富有魅力的行姿能给人美感。正确的行姿应是自然、优雅、大方,目光平视,身子立直,面朝前方,挺胸收腹,两臂自然下垂,前后自然摆动,双脚应该笔直行走,脚尖要指向正前方,脚步要从容和缓,步幅适中。行走时应保持身体平稳,使全身看起来像一条直线,表现出一个人朝气蓬勃的精神状况。

行姿应是轻盈敏捷,稳健大方、表情自然放松。男士应步伐矫健,显出阳刚之美;女士则应款款轻盈,显出柔和之美。

(1)行姿的步幅

步幅是指行进时前后两脚之前的距离,在生活中步幅的大小往往与人的身高成正比。一般人们在行进时的步幅与本人一只脚的长度相近。

步幅与服装和鞋也有一定关系。穿着西服要注意挺拔,走路的步幅可略大些;穿短裙走路,步幅不宜大,可稍微快些;穿长裤行走时,步伐可大些。女士穿高跟鞋行走,步幅要小,脚跟先着地,两脚脚跟要落在一条直线上。

(2)行姿的步位

步态美与步位有关,正确的步位是:走路时两只脚踩的接近于一条直线,而不是两条平行线。

(3)行姿的步速

在行进时,步速应保持均匀、平稳、不能过快过慢,忽快忽慢。行走时,脚步要干净利索,有鲜明的节奏感,不可拖泥带水,也不可重如马蹄声。

(4)行姿的步韵

行进时,膝盖和脚腕应富有弹性,腰部应成为身体中心移动的轴线,双臂自然轻松地前后摆动,保持身体各部位之间动作的和谐,使行走具有一定的韵律,显得自然优美。

(5)行姿的步态

步态还是一种微妙的语言,它能反映出一个人的情绪,当心情喜悦时,步态就轻盈、欢快,有跳跃感;当情绪悲哀时,步态就沉重、缓慢,有忧伤感;当踌躇满志时,步态就坚定明快,有自信力;当生气时,步态就强硬、愤慨,人们往往可从步态中觉察出人的心理变化。

步态应分场合,应因地、因人、因事而宜。脚步的强弱、轻重、快慢、幅度及姿势,必须同出入场合相适应,在室内走路应轻而稳;在公园里散步应轻而缓;在阅览室里走路应轻而柔;在婚礼上步子应欢快、轻松,在葬礼上步子应沉重、缓慢。

(6)行姿应注意以下细节:

不要大甩双臂、左摇右摆,给人以轻浮、不稳重的感觉。

不要低头,给人不自信或不安全的感觉。

不要昂头,给人自傲和目中无人的感觉。

不要东张西望,左顾右盼,以免引起旁人的戒备之心。

不要落脚太重,发出"咚咚"声,不要鞋跟钉铁掌。

切忌顺拐或"内八字"和"外八字"。

切勿三五成群,左拥右挤,阻碍别人行路。

6)手势

手势是一种体态语。手势助说话,可以加重语气,增强感染力,能够为您增添魅力。

规范的手势应是手指并拢,手掌自然伸直,掌心向内或向上,拇指自然松开,手腕伸直,肘关节自然弯曲。

手势应讲究自然协调、避免做作、僵硬、夸张。常用的手势有致意、告别、欢呼、打招呼、鼓掌等。

（1）直臂式

这种手势用来指引较远的方向，手臂穿过腰间线，但不要高于腰间线，身体侧向宾客，眼睛要看着手指引方向处或客人脚前 10 厘米左右，同时加上礼貌用语，如"请跟我来""里边请""这边请"等。

（2）横摆式

这种手势用来指引较近的方向，大臂自然垂直，小臂微微弯曲，轻缓地向一旁摆出，与腰间呈 45°左右，另一手自然下垂或背在身后，面带微笑，同时加上礼貌用语，如"请""请进"。

（3）双臂横摆式

这种手势用于业务繁忙或较多宾客时，两手从身体两侧经过腹前抬起，双手掌心向上，双手重叠，两肘微曲，向两侧摆出，上身微前倾，微笑施礼，加上礼貌用语，如"女士们、先生们、里面请"等。

（4）斜摆式

亦称作双手斜式，这种手势一般用来引宾客坐在座位上，当椅子在引领者左方，左手在前，右手在后，双手掌向椅子方向摆出，双肘微弯曲，左肘弯曲度小于右肘弯曲度，上体微微前倾，面带微笑说"请坐"。

（5）双臂竖摆式

这是一种信息提示手势。当面对众多宾客，而场面比较隆重，需向全场来宾都能看见，做法是，双手指相对，由腹前抬至头的高度，或在向上超过头的高度，再向两侧分开下滑到腹部。

（6）手势应注意以下细节：

在国际交往活动中，应当特别注意手势语的国际差异，明白对方用手势语的习惯。

当需要伸出手为他人指明方向时，应将五指自然伸直，掌心向上指示方向。

在各种交际场合，不要用手指指点点地与他人说话，因为这不仅是对他人的不礼貌，而且说明你轻视对方。

在各种交际场合，都不要打响指。不仅是对对方的不尊重，也表明自己不太严肃，常常会引起对方的反感，甚至厌恶。

在打招呼、致意、告别、欢呼、鼓掌时，应注意力度大小、速度快慢、时间长短，不可过度。

在各种交际场合，都应避免一些不卫生、不稳重、易于误解、失敬于人的手势。

任务 2　办公礼仪的学习

办公礼仪，通常指从业人员在执行公务或工作时间内，应遵守的基本礼仪规范。办公礼仪是公务礼仪的核心内容，是每一名工作人员必须认真掌握的十分重要的礼仪。

2.1　电话礼仪

在惜时如金的时代，电话已经成为人们最重要的交际工具。电话里，人们没见过你的笑容，你的蹙眉，没和你握过手，更没有观察过你的肢体语言、你的穿着。不过，或许都有这样的经验，就是通过电话可以猜出对方是个什么样的人。很显然，怎样有效使用好电话，有礼貌地、文明地通过电话与各方面的人士取得联系,让它发挥应有的作用,是我们交际成功的重要保证。

2.1.1 打电话的礼仪

在拿起话筒之前,我们应该注意什么或是准备什么?

1) 未打电话先准备

打电话前,最好先做好准备,比如谈话要点、所要讲到的数据等,可以记录在纸上。这样既能节约时间,又不至于"忘词"。

通话前要把自己情绪调整好。人们往往以为在电话里讲话,谁也看不见谁,讲起话来就不注意带表情、带动作。其实这是不对的。如果你希望对方了解真正的你,就必须把笑容、点头以及手势变成对方听得见的声音,激动时还可以带上动作,把声音表情夸大一些。因为没有表情时讲出来的话往往是干涩而没有感情的,对方一听就能想象出来。对方想象到你毫无表情地和他谈话,心里也就没有热情了,这样就中断或阻隔了两人的情感交流。

如果正心情不好的时候有你的电话,在接过电话前,一定要稳定一下情绪,使自己高兴起来,不要把烦恼和不高兴传染给对方,更不能因对方在不适合的时候打来电话而发火。因为对方并不知道你在干什么,或是为了告诉你一件很重要的事。如果一说话就带出一股不欢迎或不耐烦的情绪,对方马上就能觉察,想说的也就不说了。

2) 适合通话的时间

通话最佳时间是在双方事先约定的时间或对方方便的时间。

除非有要事必须立即通告外,不要在别人休息时间打电话。例如,每天上午 7 点前、晚上10 点后及午休时间,用餐时打电话,也不合适。另外要注意,给海外打电话,要先了解一下时差,不要不分昼夜地骚扰人家。

打公务电话,尽量要公事公办,不要在别人私人时间,特别是节、假日时间里,麻烦对方。如果能有意识地避开对方的通话高峰时间、业务繁忙时间、生理厌倦时间,打电话的效果会更好。

每次通话的具体长度都要有所控制,基本的要求是宁短勿长。我们提倡"三分钟原则"。在打电话时,应当自觉地、有意识地将每次通话的长度,限制在 3 分钟以内。在通话开始后,除了要自觉控制通话长度外,必要时还要注意受话人的反应。比如,可以在开始通话时,先问一下对方,现在通话是否方便,如果对方不方便,再约另外的时间。

如果通话时间较长,最好先征求一下对方意见,并在结束时略表歉意。在对方节假日、用餐、睡觉时,万不得已打电话影响了别人,不仅要讲清楚原因,而且不要忘了说声:"对不起。"在和对方通话时,可以多称呼对方,不仅会使对方专注,而且还会增加你的感情色彩。

3) 通话中的规范

在通话的过程中,自始至终,都要尊重自己的通话对象,待人以礼,表现得文明大度。

在正式通话前,首先要说一声:"您好!"接下来要自报家门,以让对方知道自己是谁。在电话里自报家门,通话人有四种模式可以借鉴。

第一种,报本人的全名;第二种,报本人所在的单位;第三种,报本人所在的单位和全名;第四种,报本人所在的单位、全名和职务。其中第一种模式主要用于私人交往中,后三种模式适用于公务交往。最后一种模式是最正规的。不论自己是什么身份或是再有什么值得生气的事,打电话给别人时,都不应该厉声呵斥,态度粗暴无理。低三下四也没有必要。如果对方电话有总机的话,不要忘了对总机话务员问声好。比如:"您好,请转×××,谢谢!"

碰上要找的人不在,需要接听电话的人代找,或转告、留言时,态度同样要文明而有礼。并且还要用上"请""麻烦""劳驾""谢谢"之类的词。

打电话的时候,最好用手拿好话筒,尽量不要在通话时把话筒夹在脖子下,抱着电话机随意走动,或是趴着、仰着、坐在桌角上,或是高架双腿和人通话。如果边打电话边吃东西,在公众场合或对方不是你的十分亲密的朋友面前,都是失态的。

通话也要注意控制音量。不管打还是接电话,话筒和嘴都要保持3厘米左右的距离,声音宁小勿大。用电话谈话,必须完全依靠声音,电话声音就是唯一的使者,你必须通过它给对方一个良好的印象。所以,传到电话那端的必须是一个清晰、生动、中肯、让人感兴趣的声音,首先音量要适中,更要注意发音和咬字准确。

不管是长途还是市内电话,都不要大喊大叫,要想着你是对着对方的耳朵说话。如果电话里有杂音,或者其他毛病,对方听不清楚的时候自然会提示你大点声,此时你就可以适当加大音量。但如果你听不清对方的声音,可以礼貌地说:"对不起,您的声音我听得不是很清楚。"或"对不起,话机好像有什么问题,不是很清晰"等话语,来加以提示,对方自然会加大音量。

4)尽量把话说明白

在电话里交谈总不如两人面对面交谈方便。看不到对方在做什么,不知道对方是不在听你讲话,对方也同样不知道你是否对他说的问题感兴趣,这就要求在打电话时适当多说两句,作为补充交流,使双方更好地沟通。

如果你和对方谈话的内容太长,先问问对方是不是方便。

对方听你说话时,要时不时地问问他,对你说的话有什么看法想法,让他发表些意见。如果只是你一个劲地说,对方听多了就会分散注意力,或不耐烦了。你问他一个问题,问一下是否同意,就是提醒对方认真听,也是交流的补充,使双方都集中精力。

2.1.2　接电话的礼仪

打电话需要注意,接电话更是马虎不得。

1)"铃响不过三"原则

电话铃声一旦响起,要立即放下手头的事去接听电话。接听及不及时,反映了一个人待人接物的真实态度。而且应该亲自接听电话,轻易不要让别人代劳,尤其是不要让小孩儿代接。

我们提倡"铃响不过三":接听电话以铃响三声之内接最适当。

不要铃响许久,才姗姗来迟。也不要铃声才响过一次,就拿起听筒。这样会让打电话的人大吃一惊。因特殊原因,致使铃响过久才接,要在和对方通话之前先向对方表示歉意。正常情况下,不允许不接听来电,特别是"应约而来"的电话。

接起电话时,先自报家门,并首先向发话人问好。如果是对方首先问好,应该立即问候对方。但在家里,为了自我保护,可以用电话号码作为自报家门的内容,不报家门也不算失礼。

2)非常规电话的处理

拨错电话是常事。如果接到打错的电话,要简短向对方说明情况后挂断电话,不要为此勃然大怒甚至出口伤人。

有时候接起电话时,却听不见对方说话,这可能是电话线路出了问题,造成了你听不见对方的声音,而对方却能听见你声音。此时切记破口大骂,就显得没有修养。

对于恶意骚扰的电话,应简短而严厉地批评对方,没有必要长篇大论或大说脏话;如果问题严重,甚至可以考虑报警。

3) 两个电话同时响起

当两部电话同时响起,或者在接听电话时,恰好另一个电话打来,可先向通话对象说明原因,要对方不要挂电话,稍候片刻,然后立即去接另一个电话。待接通之后,先请对方稍候,或过一会儿再挂进来,也可以记下对方电话稍候打去,然后再继续第一个电话。

不管多忙,都不要拔下电话线。也不要把假的甚至是别人的电话号码,留给不受你欢迎的人。

4) 不想继续接听这个电话

如果是找你的而你又厌烦的电话,可以试着采取下面的方法礼貌而婉转地中断通话:告诉对方有另外一个紧急电话打进来;告诉对方有客人来访,你必须过去招呼了;告诉对方有急事要马上处理;告诉对方领导正在叫你,你不方便再继续通话。

5) 规范地代接电话

假如对方要找的不是自己,不要拒绝帮忙代找别人的请求,特别不要向对方表示出你对他所找的人有意见,或是对方要找的人就在身边,你说"不在"。

代接电话时,不要充当"包打听",向对方询问和要找的人的关系。当发话人要求转达某事给某人时,应严守口风,别随意扩散。

即使发话人要找的人就在附近,也不要大喊大叫,而闹得人人都行注目礼。当别人通话时,更不要"旁听"或是插嘴。

对发话人要求转达的具体内容,最好认真做好笔录。对方讲完之后,还要重复一遍,以验证自己的记录是否正确无误,免得误事。可以在一张干净的纸上记录他人电话,记录内容应涵盖五个"W",即对方是哪个单位"where"、打电话人的姓名"who"、打电话来有什么事情"why"、通话要点"what"、什么时间打来以及什么时间回电话"when"。然后赶紧把这张纸亲自放在对方所要找的人的办公桌显眼处(最好背过来放,以免让人看到电话内容)或亲自交给他。我们可以自制电话记录表。(如图7.1所示)

来电时间		姓　名	
电话号码		紧急程度	
内容			
接听者		日期	

图7.1　电话记录表

接听寻找他人的电话时,先要弄明白"对方是谁""现在找谁"这两个问题。如果对方不愿讲第一个问题,也不必勉强。如果要找的人不在,可先以实相告,再询问对方"您有什么事情?是否可以转告或留下电话,以方便让他给您回话"。如果前后次序颠倒了,就难免让人产生疑心。

不到万不得已,不要轻易把自己代人转达的内容,再托他人转告。这样一来,不但内容容易走样,也耽误时间。

2.1.3 结束通话

当你作为打电话人时,要结束通话,应该先挂电话,并先用手按断,再把话筒扣上,不要用力一摔,让对方大惊失色。并要做好通话要点的记录,例如通话时间,以及通话中所提到的重点内容、数字等,以免电话一多,忘掉了一些电话所谈的内容。

当你作为接电话人,通话终止时,不要忘记向对方说声"再见"。出于礼貌,应该让对方先挂断电话。如果对方是尊者,无论是你接电话还是打电话,都要让对方先挂断电话。

当通话因故暂时中断后,应该由发话人或是身份低的人立即给对方拨过去,不要不了了之,或干等对方打来。

2.1.4 请注意手机礼仪

随着手机的日益普及,无论是在社交场所还是工作场合放肆地使用手机,已经成为礼仪的最大威胁之一,手机礼仪越来越受到关注。在国外,如澳大利亚电讯的各营业厅就采取了向顾客提供"手机礼节"宣传册的方式,宣传手机礼仪。

公共场合特别是楼梯、电梯、路口、人行道等地方,不可以旁若无人地使用手机。

在会议中、和别人洽谈的时候,最好的方式还是把手机关掉,起码也要调到震动或静音状态。这样既显示出对别人的尊重,又不会打断发话者的思路。而那种在会场上铃声不断,并不能反映你"业务忙",反而显示出你缺少修养。

在一些场合,比如在剧院里看电影或欣赏文艺演出,打手机是极其不合适的,如果非得回话,采用静音的方式发送手机短信相对适合一点。

在餐桌上,关掉手机或是把手机调到震动状态还是必要的。不要正吃到兴头上的时候,被一阵烦人的铃声打断。

不管业务多忙,为了自己和其他乘客的安全,在飞机上都不要使用手机。

使用手机,特别是在公共场合,应该把自己的声音尽可能地压低一下,而绝不能大声说话,以赢取路人的眼球。

2.2 会议礼仪

会议,是人们有组织、有领导、有目的地通过集会的形式,来商议、研讨或解决事项的一种社会活动方式。在公务活动中,会议占有相当重要的地位。会议礼仪,则是指在会议中应遵守的礼节和仪式。一次会议的成功与否,固然取决于会议内容是否恰当、组织者的组织水平的高低、与会者的素质高低等诸多因素,但其中最重要的一条在于组织者、与会者双方是否能够遵守开会时的礼节和仪式。会议礼仪是会议成功与否的重要因素之一,是不容忽视的重要环节。

2.2.1 会议组织者的礼仪

1)会前准备礼仪

凡召开正式会议,都必须进行缜密而细致的组织工作,大体包括以下几个方面。

（1）会议的筹备

负责会议筹备的工作人员,要围绕会议主题、领导议定的会议规模、时间、议程等组织落实。通常要成立会务组,明确分工,责任到人。

（2）通知的拟发

举行正式会议,都应提前向与会者下发会议通知。它是指会议的主办单位发给所有与会单位或全体与会者的书面文件,同时还包括向有关单位或嘉宾发出的邀请函。会议组织者应当在这方面做好两件事。一是拟好通知。会议通知一般包括标题、主题、会期、会址、出席对象及与会要求这六项内容。二是及时送达。下发会议通知,应当设法保证及时送达,不得耽搁延误。

（3）常规性准备

在进行会务准备工作时,要对会议所涉及的具体细节问题做好准备工作。

①做好会场布置

根据会议内容,要在会场内悬挂横幅或标语。标语的制作要集中体现会议精神,简洁、上口、易记,具有宣传力和号召力。

根据会议的不同场合,可以在会场摆放适当的青松盆景、盆花等,也可以选用一些中华民族特色花卉,用无声的语言向人门传播文化,表达礼仪。

为使会场更加庄严,主席台还可以悬挂国旗、会旗等。

会场的桌椅、座次的安排要适合会议风格和气氛,讲究礼宾次序。排列主席台的座次,我国的惯例是:前排高于后排,中间高于两侧,左座高于右座。凡属重要会议,在主席台上每位就座者身前的桌子上,应摆好写有其本人姓名的桌签。排列听众席的座次,主要有两种方法:一是指定区域统一就座,二是自由就座。主要有以下几种类型:

圆桌型。指的是在会场上摆放圆桌,请全体与会者在周围就座。这种类型一般适合人数比较少的会议。座次安排主要以门作为基准点,比较靠里的位置是比较主要的座位,主人和来宾应相对而坐,来宾席应完排在朝南或朝门口的方向,来宾的最高领导坐在朝南或朝门的正中位置。各种安排如图7.2所示。

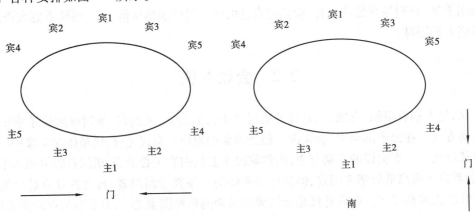

图7.2　圆桌型座次安排

长桌型。即用长方形桌子围成一个口字型,这种类型一般适合人数比较多的会议。来宾和东道主坐在一起,如座谈会、小型联欢会等。如是正式会议,坐席安排要突出与会者的身份,表现出最高领导者的权威性。座次安排主要以门作为基准点,比较靠里的位置是主宾的座位。各种安排如图7.3所示。

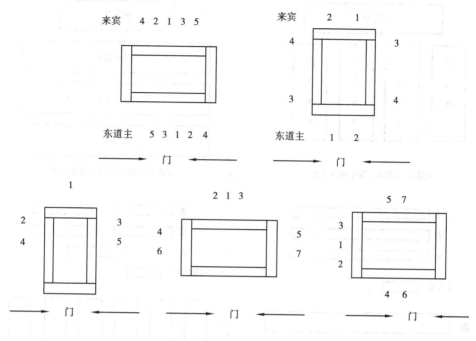

图7.3 长桌型座次安排

教室型。这是最常采用的形式,它多用于参会人数比较多,相互之间不需要过多交流讨论,以传达信息、下达指示为主要目的的大型会议。主席台与听众相对,主席台的座次按人员的职务、社会地位排列。主席台的座位以第一排中间为上。座席安排遵循"前、中、右"原则,即有若干排的前排为上,同一排的中间为大,两者间以右为尊。各种安排如图7.4所示。

②会场设施检查

对于开会时所需要的各种印象、照明、投影、摄影、录像、空调、通风设备和多媒体设备等,应当提前进行测试检查。

③会议用品采办

一些开会时所需的会议用品,如纸张、本册、笔具、文件夹、资料袋、姓名卡、座位签,以及饮品、声像用具等,还需要统一补充、采购。

④其他准备工作

对于交通、膳宿、医疗、保卫等方面的具体工作,应精心、妥当地做好准备。

2)会议服务礼仪

(1)例行服务

会议举行期间,一般应安排专人在会场内外负责迎送、引导、陪同与会人员。对于与会者的要求,应有求必应。

(2)会议签到

为掌握到会人数,严肃会场纪律,凡大型会议或重要会议,通常要求与会者在入会场是签到。一般有三种方式:一是签名报到,二是交券报到,三是刷卡报到。负责此项工作的人员,要及时向会议负责人通报。

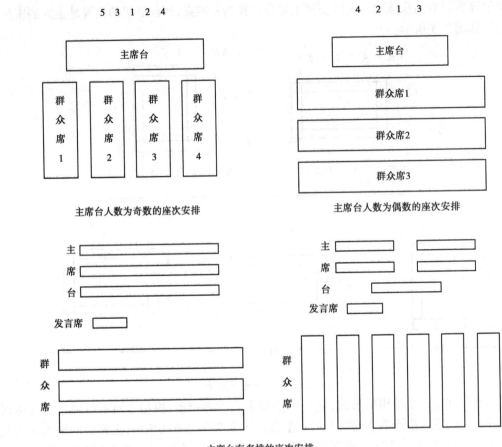

图7.4　教室型座次安排

（3）会议记录

会议记录，是有专人负责记录会议内容的一种书面材料，不用上报或下发，仅做参考、备查之用。会议名称、时间、地点、人员、主持者、记录人、发言内容、讨论事项、决议事项等，都应详细记录在内。

凡重要会议，无论是全体大会还是分组讨论，都应进行必要的会议记录。

（4）编写简报

有些重要会议，依例应当编写会议简报。编写会议简报的基本要求是快、准、简。快是要求其讲究时效，准是要求其准确无误，简是要求文字精炼。

3）会议结束礼仪

会议结束后，要做好后续性工作，大致包括下列几项。

（1）组织活动

会议结束后，有时还会安排一些活动，如合影留念、联欢会、会餐等。这些工作比较烦琐，要有专人负责，统一协调。

（2）形成文件

会议结束后，根据会议议题和会议结果，有时要形成会议决议、会议纪要等。一般应当尽快形成，及时下发或公布。

（3）处理材料

根据工作需要与有关保密制度的规定，在会议结束后应对与其有关的一切图文、声像材料进行细致的收集、整理工作。应遵守有关规定与惯例，应该汇总的材料，一定要认真汇总；应该存档的材料，一律要仔细归档；应该收回的材料，一定如数收回；应该销毁的材料，一定仔细销毁。

（4）协助返程

会议即将结束时，主办方应主动过问与会者的返程有无困难。必要时，可量力而行，为其安排交通工具。要根据与会者返程的车次、航班的具体时间，做好送站工作。

2.2.2 参会者的礼仪

1）会议发言人的礼仪

会议发言有正式发言和自由发言两种，前者一般是领导报告，后者一般是讨论发言。正式发言者，应衣冠整齐，走上主席台应步态自然，刚劲有力，体现一种成竹在胸、自信自强的风度与气质。发言时应口齿清晰，讲究逻辑，简明扼要。如果是书面发言，要时常抬头扫视一下会场，不能低头读稿，旁若无人。发言完毕，应对听众的倾听表示谢意。

自由发言则较随意，应要注意，发言应讲究顺序和秩序，不能争抢发言；发言应简短，观点应明确；与他人有分歧，应以理服人，态度平和，听从主持人的指挥，不能只顾自己。

如果有会议参加者对发言人提问，应礼貌作答，对不能回答的问题，应机智而礼貌地说明理由，对提问人的批评和意见应认真听取，即使提问者的批评是错误的，也不应失态。

2）会议参加者礼仪

会议参加者应衣着整洁，仪表大方，准时入场，进出有序，依会议安排落座，开会时应认真听讲，不要私下小声说话或交头接耳，发言人发言结束时，应鼓掌致意，中途退场应轻手轻脚，不影响他人。

3）主持人的礼仪

各种会议的主持人，一般由具有一定职位的人来担任，其礼仪表现对会议能否圆满成功有着重要的影响。

（1）主持人应衣着整洁，大方庄重，精神饱满，切忌不修边幅，邋里邋遢。

（2）走上主席台应步伐稳健有力，行走的速度因会议的性质而定，热烈的会议步频应较慢。

（3）入席后，如果是站立主持，应双腿并拢，腰背挺直。持稿时，右手持稿的底中部，左手五指并拢自然下垂。双手持稿时，应与胸齐高。坐姿主持时，应身体挺直，双臂前伸。两手轻按于桌沿，主持过程中，切忌出现搔头、揉眼、拦腿等不雅动作。

（4）主持人言谈应口齿清楚，思维敏捷，简明扼要。

（5）主持人应根据会议性质调节会议气氛，或庄重，或幽默，或沉稳，或活泼。

（6）主持人对会场上的熟人不能打招呼，更不能寒暄闲谈，会议开始前，可点头、微笑致意。

任务 3　接待礼仪的学习

迎来送往、接待招待,是日常社会交往中经常遇到的行为活动。这种活动还常由办公场所延伸扩展到家庭中,发挥着不可忽视的特殊作用,应当遵守和注意相应的礼仪规范。

3.1　迎接礼仪

迎来送往,是社会交往接待活动中最基本的形式和重要环节,是表达主人情谊、体现礼貌素养的重要方面。尤其是迎接,是给客人良好第一印象的最重要工作。给对方留下好的第一印象,就为下一步深入接触打下了基础。

迎接客人要有周密的部署,应注意以下事项。

(1)对前来访问、洽谈业务、参加会议的外国、外地客人,应首先了解对方到达的车次、航班,安排与客人身份、职务相当的人员前去迎接。若因某种原因,相应身份的主人不能前往,前去迎接的主人应向客人作出礼貌的解释。

(2)主人到车站、机场去迎接客人,应提前到达,恭候客人的到来,绝不能迟到让客人久等。客人看到有人来迎接,内心必定感到非常高兴,若迎接来迟,必定会给客人心里留下阴影,事后无论怎样解释,都无法消除这种失职和不守信誉的印象。

(3)接到客人后,应首先问候"一路辛苦了""欢迎您来到我们这个美丽的城市""欢迎您来到我们公司"等等。然后向对方作自我介绍,如果有名片,可送予对方。

(4)迎接客人应提前为客人准备好交通工具,不要等到客人到了才匆匆忙忙准备交通工具,那样会因让客人久等而误事。

(5)主人应提前为客人准备好住宿,帮客人办理好一切手续并将客人领进房间,同时向客人介绍住处的服务、设施,将活动的计划、日程安排交给客人,并把准备好的地图或旅游图、名胜古迹等介绍材料送给客人。

(6)将客人送到住地后,主人不要立即离去,应陪客人稍作停留,热情交谈,谈话内容要让客人感到满意,比如客人参与活动的背景材料、当地风土人情、有特点的自然景观、特产、物价等。考虑到客人一路旅途劳累,主人不宜久留,让客人早些休息。分手时将下次联系的时间、地点、方式等告诉客人。

3.2　接待礼仪

在接待工作之中,对于来宾的招待乃是重中之重。要做好接待工作,重要的是要以礼待客。

1)时间条件

招待来宾的时间条件,主要涉及两个基本问题。一是来宾何时正式抵达。二是来宾将要停留多久。如果在来宾正式登门拜访时,因为接待人员的考虑不周,而让对方吃闭门羹,被抛在一旁,或者遭到驱赶,无疑会伤人至深,并且有损于单位形象。得知有人将要登门拜访,或是与他人商议邀其上门做客时,要预先与对方了解正式抵达的时间和将要停留的时间。负责招待对方的有关人员必须提前至少10分钟抵达双方约定的地点。必要之时,还应专门在约定地点的正门之外迎候来宾。

假如没有特殊原因,主人一方通常不宜以节假日、午间、夜间作为招待来宾的时间。

2)空间条件

招待来宾的空间条件,指的是待客时的具体地点的选择问题。一般而言,在公务活动之中待客的常规地点,有办公室、会客室、接待室,等等。接待一般的来访者可在自己的办公室进行。接待重要的客人,可选择专门用来待客的会客室。接待身份极其尊贵的来宾,有时还可选择档次最高的会客室——贵宾室。至于接待室,则多用于接待就某些专门问题来访之人。必要时,还须设置指引客人之用的"指向标"。

招待来宾的地点确定之后,往往有必要对其室内进行一些必要的布置。

注意光线。应以自然光源为主,人造光源为辅,切勿使光线过强或过弱。招待来宾,尤其是接待贵宾的房间最好面南。如阳光直射,则可设置百叶窗或窗帘予以调节。使用人造光源时,最好使用顶灯、壁灯,尽量不要使用台灯或地灯,特别是不要以之直接照射来宾。使用彩灯、漫光灯或瀑布灯,也是毫无必要的。

注意色彩。招待来宾的现场,通常应当布置得既庄重又大方。特别是主要装潢、陈设的色彩,有意识地控制在一两种之内,最好不要令其超过三种。否则就会让来宾眼花缭乱,无所适从。在选择招待现场的主色调时,不要选用过于沉闷的白色、灰色、黑色,不要选用过于热烈的红色、黄色、橙色,也不要选用易于给人以轻浮之感的粉色、金色或银色。乳白、淡蓝、草绿诸色,方为上佳之选。

注意温度。室温以摄氏24 ℃左右为最佳。因为它是人体体温的"黄金分割点",令人最为舒适。

注意湿度。一般认为,相对湿度为50%左右,最是舒适宜人。相对湿度过高,往往会令人感到憋闷压抑,呼吸不畅。相对湿度过低,则又会让人觉得干燥不堪,易生静电。

注意安静。地上可铺放地毯,以减除走动之声;窗户上可安放双层玻璃,以便隔音;茶几上可摆放垫子,以防安置茶杯时出声;门轴上可添润滑油,以免关门开门时噪音不绝于耳。

注意卫生。在待客的房间之内,一定要保持空气清新、地面爽洁、墙壁无尘、窗明几净、用具干净。

注意陈设。其一,是要务求实用。一般来讲,在待客的房间之内放置必要的桌椅和音响设备即可。必要时,还可放置一些盆花或插花。诸如奖状、奖旗、奖杯等奖品,绘画、挂毯、壁挂等装饰之物,是没有必要摆放或悬挂在其中的。其二,是要以少为佳。其三,是要完整无缺。一般不应为残、破、次、损、坏、废之物。硬要以次充好,或是令其"轻伤不下火线",往往得不偿失。

3)座次安排

(1)面门为上。采用"相对式"就座时,通常以面对房门的座位为上座,应让之于来宾;以背对房门的座位为下座,宜由主人自己在此就座。

（2）以右为上。"并列式"排位的标准做法,是宾主双方面对正门并排就座。此时,以右侧为上,应请来宾就座;以左侧为下,应归主人自己就座。

（3）居中为上。如果来宾较少,而东道主一方参与会见者较多之时,往往可以由东道主一方的人员以一定的方式围坐在来宾的两侧或者四周,而请来宾居于中央,呈现出"众星捧月"之态。

（4）以远为上。道理十分简单:离房门近者易受打扰,离房门较远者则受到的打扰较少。

（5）佳座为上。长沙发优于单人沙发,沙发优于椅子,椅子优于凳子,较高的座椅优于较低的座椅,宽大舒适的座椅优于狭小而不舒适的座椅。

（6）自由为上。有时,未及主人让座,来宾便自行选择了座位,并且已经就座,此刻主人亦应顺其自然。在客人登门拜访之时,主人务必要使自己临场的一切表现都中规中矩。

4）起身相迎,盛情款待

一是要让座于人。二是要代存衣帽。三是要斟茶倒水。为来宾上饮料时,还须注意干净卫生,保证供应。四是殷勤相助。认真专注。与来宾交谈时,务必要认认真真地洗耳恭听,聚精会神,切不可一心二用,所答非所问。那样做,必定会得罪于人。千万不要在招待来宾时忙于处理其他事务。例如,打电话、发传真、批阅文件、寻找材料,或是与其他同事交谈,等等。万一非得中途暂时离开一下,或是去接一下电话,事先别忘记要向来宾表示歉意。最好不要在同一时间内在同一地点接待来自不同地方的人士。要是遇上了这种情况,可按"先来后到"的顺序接待,也可以安排其他人员分别予以接待。

5）热情挽留

在一般情况之下,不论宾主双方会晤的具体时间的长度有无约定,客人的告辞均须由对方首先提出。主人首先提出来送客,或是以自己的动作、表情暗示厌客之意,都是极其不礼貌的。当来宾提出告辞时,主人通常应对其加以热情挽留。可告之对方自己"不忙",或是请对方"再坐一会儿"。若来宾执意离去,主人可在对方率先起身后起身相送。

6）接待客人还要注意以下几点

（1）客人要找的负责人不在时,要明确告诉对方负责人到何处去了,以及何时回本单位。请客人留下电话、地址,明确是由客人再次来单位,还是我方负责人到对方单位去。

（2）客人到来时,我方负责人由于种种原因不能马上接见,要向客人说明等待理由与等待时间,若客人愿意等待,应该向客人提供饮料、杂志,如果可能,应该时常为客人换饮品。

（3）接待人员带领客人到达目的地,应该有正确的引导方法和引导姿势。

①在走廊的引导方法。接待人员在客人两三步之前,配合步调,让客人走在内侧。

②在楼梯的引导方法。当引导客人上楼时,应该让客人走在前面,接待人员走在后面,若是下楼时,应该由接待人员走在前面,客人在后面,上下楼梯时,接待人员应该注意客人的安全。

③在电梯的引导方法。引导客人乘坐电梯时,接待人员先进入电梯,等客人进入后关闭电梯门,到达时,接待人员按"开"的钮,让客人先走出电梯。

④客厅里的引导方法。当客人走入客厅,接待人员用手指示,请客人坐下,看到客人坐下后,才能行点头礼后离开。如客人错坐下座,应请客人改坐上座(一般靠近门的一方为下座)。

3.3　乘车礼仪

在接待客人乘坐车辆时,应当注意座次的尊卑。

1)小轿车

目前我国常见的小轿车是双排 5 座车,如有司机驾驶时,以后排右侧为首位,后排左侧次之,后排中间座位再次之,副驾驶座末席。如图 7.5 所示。

如果由主人亲自驾驶,以副驾驶座为首位,后排右侧次之,左侧再次之,而后排中间座为末席。如图 7.6 所示。

司机	4		主人	1
2	3	1	3	4	2

图 7.5　司机驾驶时作为尊卑排序　　　　图 7.6　主人驾驶时作为尊卑排序

主人夫妇驾车时,则主人夫妇坐前座,客人夫妇坐后座,男士要服务于自己的夫人,宜开车门让夫人先上车,然后自己再上车。

如果主人夫妇搭载友人夫妇的车,则应邀友人坐前座,友人之妇坐后座,或让友人夫妇都坐前座。

主人亲自驾车,坐客只有一人,应坐在主人旁边。若同坐多人,中途坐前座的客人下车后,在后面坐的客人应改坐前座,此项礼节最易疏忽。

女士登车不要一只脚先踏入车内,也不要爬进车里。需先站在座位边上,把身体降低,让臀部坐到位子上,再将双腿一起收进车里,双膝一定保持合并的姿势。

2)吉普车

吉普车无论是主人驾驶还是司机驾驶,都应以前排右坐为尊,后排右侧次之,后排左侧为末席。上车时,后排位低者先上车,前排尊者后上。下车时前排客人先下,后排客人再下车。

3)旅行车

在接待团体客人时,多采用旅行车接送客人。旅行车以司机座后第一排即前排为尊,后排依次为小。其座位的尊卑,依每排右侧往左侧递减。

任务4　社交礼仪的学习

社交礼仪是在人际交往中,以约定俗成的程序、方式来表现律己、敬人的过程,是人际交往中适用的一种艺术的交际方式,是在人际交往过程中进行相互沟通的技巧。学习和掌握社交礼仪,有利于处理好各种人际交往关系。

4.1 会面礼仪

每个人每天不管是在生活中还是在工作中都要同各种人接触,在见面时行使正确而优雅的会面礼仪,会给对方留下良好的第一印象,同时也显示出你优雅的气质。

4.1.1 握手礼

握手礼是在一切交际场合最常使用、适应范围最广泛的见面致意礼节。它表示致意、亲近、友好、寒暄、道别、祝贺、感谢、慰问等多种含意,从握手中,往往可以了解一个人的情绪和意向,还可以推断一个人的性格和感情。有时握手比语言更充满情感。

1) 握手礼行使的场合

(1)迎接客人到来时;(2)当你被介绍与人认识时;(3)久别重逢时;(4)社交场合突遇熟人时;(5)拜访告辞时;(6)送别客人时;(7)别人向自己祝贺、赠礼时;(8)拜托别人时;(9)别人帮助自己时,等等。

2) 握手礼行使的规则

行握手礼时有先后次序之分。握手的先后次序主要是为了尊重对方的需要。其次序主要根据握手人双方所处的社会地位、身份、性别和各种条件来确定。

(1)两人之间握手的次序是:上级在先,长辈在先,女士在先,主人在先:而下级、晚辈、男士、客人应先问候,见对方伸出手后,再伸手与他相握。在上级、长辈面前不可贸然伸手。若两人之间身份、年龄、职务都相仿,则先伸手为礼貌。

(2)如男女初次见面,女方可以不与男方握手,互致点头礼即可;若接待来宾,不论男女,女主人都要主动伸手表示欢迎,男主人也可对女宾先伸手表示欢迎。

(3)如一人与多人握手时,应是先上级、后下级,先长辈、后晚辈,先主人、后客人,先女士、后男士。

(4)若一方忽略了握手的先后次序,先伸出了手,对方应立即回握,以免发生尴尬。

3) 握手礼行使的正确姿势

标准的握手方式是:握手时,两人相距约一步,上身稍前侧,伸出右手,四指并拢拇指张开,两人的手掌与地面垂直相握,上下轻摇,一般二三秒为宜,握手时注视对方,微笑致意或简单地用言语致意、寒暄。

4) 握手礼的体态语

握手的具体样式是千差万别的。了解一些握手的典型样式,既有助于我们通过握手了解交际对方的性格、情感状况、待人接物的基本态度等;也有助于我们在人际交往中根据不同的场合、不同的对象去自觉地应用各种具体的样式。

(1)谦恭式握手。又称"乞讨式"握手,顺从型握手。即掌心向上或向左上的手势与对方握手。用这种方式握手的人往往性格懦弱,处于被动地位,又可能处世比较民主、谦和、平易近人,对对方比较尊重、敬仰、甚至有几分畏惧。这种人往往易改变自己的看法,不固执,愿意受对方支配。

(2)支配式握手。又称"控制式"握手,用掌心向下或向左下的姿势握住对方的手。以这种方式握手的人想表达自己的优势、主动、傲慢或支配地位。这种人一般来说说话干净利索、办事果断、高度自信,凡是一经决定,就很难改变观点,作风不大民主,在交际双方社会地位差距较大时,社会地位较高的一方易采用这种方式与对方握手。

(3)无力型握手。又称"死鱼式"握手,握手时伸出一只无力度的手,给人的感觉像是握住一条死鱼。这种人的特点如不是生性懦弱,就是对人冷漠无情,待人接物消极傲慢。

(4)"手套式"握手。握手时用双手握住对方的右手,既可表示对对方更加尊重、亲切,也可表示更加感激、有求于人之意。但这种握手方式最好不要用在初见几次面的人身上,以免让对方引起不必要的误会。

(5)抓指尖握手。握手时不是两手的虎口相触对握,而是有意或无意地只捏住对方的几个手指或手指尖部。女性与男性握手时,为了表示自己的矜持与稳重,常采取这种方式。如果是同性别的人之间这样握手,就显得有几分冷淡与生疏。

另外,当对方久久地、强有力地握着你的手,且边握手边摇动,说明他对你的感情是真挚而热烈的。当对方握你手时连手指都不愿弯曲,只例行公事式地敷衍一下,说明对方对你的感情是冷淡的。当你还没把话说完时对方就把手伸出来,说明你的话对他不感兴趣,应尽快结束谈话。

5)握手时的注意点

(1)行握手礼时要注意力集中,不要左顾右盼,一边在握手,一边在跟其他人打招呼。

(2)见面与告辞时,不要跨门槛握手。

(3)握手一般总是站着相握,除年老体弱或残疾人以外,坐着握手是很失礼的。

(4)单手相握时左手不能插口袋。

(5)男士勿戴帽、手套与他人相握,穿制服者可不脱帽,但应先行举手礼,再行握手礼。女士可戴装饰性帽子和装饰性手套行握手礼。

(6)忌用左手同他人相握,除非右手有残疾。当自己右手脏时,应亮出手掌向对方示意声明,并表示歉意。

(7)握手用力要均匀,对女性一般象征性握一下即可,但握姿要沉稳、热情和真诚。

(8)握手时不要抢握,不要交叉相握,应待别人握完后再伸手相握。交叉相握在通常情况下是一种失礼的行为。有的国家视交叉握手为凶兆的象征,交叉成"十",意为十字架,认为必定会招来不幸。

4.1.2　鞠躬礼

鞠躬礼是一种人们用来表示对别人的恭敬而普遍使用的致意礼节。

1)行使鞠躬礼的场合

鞠躬礼既可以应用在庄严肃穆或喜庆欢乐的仪式中,也可以应用于一般的社交场合;既可应用于社会,也可应用于家庭。如下级向上级,学生向老师,晚辈向长辈行鞠躬礼表示敬意;上台演讲、演员谢幕等。另外各大商业大厦和饭店宾馆也应用鞠躬礼向宾客表示欢迎和敬意。

2)鞠躬礼的方式

(1)一鞠躬礼:适用于社交场合、演讲、谢幕等。行礼时身体上部向前倾斜15°~20°,随即恢复原态,只做一次。

(2)三鞠躬礼:又称最敬礼。行礼时身体上部向前下弯约90°,然后恢复原样,如此连续三次。

3)鞠躬礼的正确姿势

行礼者和受礼者互相注目,不得斜视和环视;行礼时不可戴帽,如需脱帽,脱帽所用之手应与行礼之边相反,即向左边的人行礼时应用右手脱帽,向右边的人行礼时应用左手脱帽;行礼者在距受礼者两米左右进行;行礼时,以腰部为轴,头、肩、上身顺势向前倾约20°~90°,具体的前倾幅度还可视行礼者对受礼者的尊重程度而定;双手应在上身前倾时自然下垂放两侧,也可两手交叉相握放在体前,面带微笑,目光下垂,嘴里还可附带问候语,如"你好""早上好"等。施完礼后恢复立正姿势。

通常,受礼者应以与行礼者的上身前倾幅度大致相同的鞠躬还礼,但是,上级或长者还礼时,可以欠身点头或在欠身点头的同时伸出右手答之,不必以鞠躬还礼。

4)鞠躬时应注意的问题

一般情况下,鞠躬要脱帽,戴帽子鞠躬是不礼貌的。

鞠躬时,目光应该向下看,表示一种谦恭的态度。不可以一面鞠躬一面翻起眼看对方,这样做姿态既不雅观,也不礼貌。

鞠躬礼毕起身时,双目还应该有礼貌地注视对方。如果视线转移到别处,即使行了鞠躬礼,也不会让人感到是诚心诚意。

鞠躬时,嘴里不能吃东西或叼着香烟。

上台领奖时,要先向授奖者鞠躬,以示谢意。再接奖品。然后转身面向全体与会者鞠躬行礼,以示敬意。

4.1.3 抱拳礼

1)适用场合

抱拳礼又称拱手礼。中国人创造的抱拳礼的动作与西方人握手动作的原始含义基本上是一致的。所不同的是,抱拳拱手还有同对方"保持距离"的意义,因而这一礼仪形式在社会意义上具有封闭性的内涵。抱拳礼至今在武术界、长者之间和一些民族风格浓郁的场合,常常施用。有时也在一些非正式场合或气氛比较融洽的场合,如春节团拜、宴会、晚会之时施用。主要适合于个人面对集体之时施行此礼节,意为自己握住自己的手,代替了握住别人的一只手在摇。

2)正确姿势

抱拳礼的基本动作要领是右手半握拳,然后用左手掌包握在右拳上,两臂屈肘抬至胸前,目视对方,面带微笑,轻摇几下。

4.1.4 介绍

介绍是指从中沟通,使双方建立关系的意思。介绍是社交场合中相互了解的基本方法。通过介绍,可以缩短人们之间的距离,以便更好地交谈、更多地沟通和更深入地了解。在日常生活与工作中常用的介绍有以下几种类型,即自我介绍、为他人介绍和集体介绍。

1)自我介绍

自我介绍应注意的问题:在自我介绍的时候,原则上应注意时间、态度与内容等要点。

(1)时间:自我介绍时应注意的时间问题具有双重含义。一方面要考虑自我介绍应在何时进行。一般认为,把自己介绍给他人的最佳时机应是对方有空闲的时候;对方心情好的时候；对方有认识你的兴趣的时候；对方主动提出认识你的请求的时候，等等。另一方面要考虑自我介绍应大致使用多少时间。一般认为，用半分钟左右的时间来介绍就足够了，至多不超过1分钟。有时，适当使用三言两语一句话，用上不到十秒钟的时间，也不为错。

（2）态度：在作自我介绍时，态度一定要亲切、自然、友好、自信。介绍者应当表情自然，眼睛看着对方或大家，要善于用眼神、微笑和自然亲切的面部表情来表达友谊之情。不要显得不知所措，面红耳赤，更不能一副随随便便、满不在乎的样子。介绍时可将右手放在自己的左胸上，不要慌慌张张，毛手毛脚，不要用手指指着自己。

（3）内容：在介绍时，被介绍者的姓名的全称、供职的单位、担负的具体工作等，被称作构成介绍的主体内容的三大要素。在作自我介绍时，其内容在三大要素的基础上又有所变化。具体而言，依据自我介绍的内容方面的差异，它可以分为四种形式。

第一种为应酬型。它适用于一般性的人际接触，只是简单地介绍以下自己。如"您好！我的名字叫×××。"

第二种为沟通型。也适用于普通的人际交往，但是意在寻求与对方交流或沟通。内容上可以包括本人姓名、单位、籍贯、兴趣等。如："您好！我叫×××，浙江人。现在在一家银行工作，您喜欢看足球吧，嗨，我也是一个足球迷。"

第三种为工作型。它以工作为介绍的中心，以工作而会友。其内容应重点集中于本人的姓名、单位以及工作的具体性质。如："女士们，先生们，各位好！很高兴有机会把我介绍给大家。我叫×××，我是××公司的业务经理，专门营销电器，有可能的话，我随时都愿意替在场的各位效劳。"

第四种为礼仪型。它适用于正式而隆重的场合，属于一种出于礼貌而不得不作的自我介绍。其内容除了必不可少的三大要素以外，还应附加一些友好、谦恭的语句。如："大家好！在今天这样一个难得的机会中，请允许我作一下自我介绍。我叫×××，来自××公司，是公司的公关部经理，今天，是我第一次来到美丽的西双版纳，这美丽的风光一下子深深地吸引了我，我很愿意在这多待几天，很愿意结识在座的各位朋友，谢谢！"

2）为他人介绍

为他人介绍，首先要了解双方是否有结识的愿望；其次要遵循介绍的规则；再次是在介绍彼此的姓名、工作单位时，要为双方找一些共同的谈话材料，如双方的共同爱好、共同经历或相互感兴趣的话题。

（1）介绍的规则

将男士先介绍给女士。如："张小姐，我给你介绍一下，这位是李先生。"

将年轻者先介绍给年长者。在同性别的两人中，年轻者先介绍给年长者，以示对前辈、长者的尊敬。

将地位低者先介绍给地位高者。遵从社会地位高者有了解对方的优先权的原则，除了在社交场合，其余任何场合，都是将社会地位低者介绍给社会地位高者。

将未婚的先介绍给已婚的。如两个女子之间，未婚的女子明显年长，则又是将已婚的介绍给未婚的。

将客人介绍给主人。

将后到者先介绍给先到者。

（2）介绍的礼节

①介绍人的做法：介绍时要有开场白，如："请让我给你们介绍一下，张小姐，这位是×××××""请允许我介绍一下，李先生，这位是×××"。为他人做介绍时，手势动作要文雅，无论介绍哪一方，都应手心朝上，手背朝下，四指并拢，拇指张开，指向被介绍的一方，并向另一方点头微笑。必要时，可以说明被介绍的一方与自己的关系，以便新结识的朋友之间相互了解和信任。介绍人在介绍时要注意先后顺序，语言要清晰明了，不含糊其辞，以使双方记清对方姓名。在介绍某人优点时要恰到好处，不宜过分称颂而导致难堪的局面。

②被介绍人的做法：作为被介绍的双方，都应当表现出结识对方的热情。双方都要正面对着对方，介绍时除了女士和长者外，一般都应该站起来，但是若在会谈进行中，或在宴会等场合，就不必起身，只略微欠身致意就可以了。如方便的话，等介绍人介绍完毕后，被介绍人双方应握手致意，面带微笑并寒暄。如"你好""见到你很高兴""认识你很荣幸""请多指教""请多关照"等。如需要还可互换名片。

3）集体介绍

如果被介绍的双方，其中一方是个人，一方是集体时，应根据具体情况采取不同的办法。

（1）将一个人介绍给大家。这种方法主要适用于在重大的活动中对于身份高者、年长者和特邀嘉宾的介绍。介绍后，可让所有的来宾自己去结识这位被介绍者。

（2）将大家介绍给一个人。这种方法适用于在非正式的社交活动中，使那些想结识更多的，自己所尊敬的人物的年轻者或身份低者满足自己交往的需要，由他人将那些身份高者、年长者介绍给自己；也适用于正式的社交场合，如领导者对劳动模范和有突出贡献的人进行接见；还适用于两个处于平等地位的交往集体的相互介绍；开大会时主席台就座人员的介绍。将大家介绍给一个人的基本顺序有两种：一是按照座次或队次介绍；二是按照身份的高低顺序进行介绍。千万不要随意介绍，以免使来者产生厚此薄彼的感觉，影响情绪。

4.1.5 递名片

在人际交往中，名片不但能推销自己，也能很快地助你与对方熟悉，它就像持有者的颜面，不但要很好地珍惜，而且要懂得怎样去使用它。现代名片是一种经过设计、能表示自己身份、便于交往和开展工作的卡片，名片不仅可以用作自我介绍，而且还可用作祝贺、答谢、拜访、慰问、赠礼附言、备忘、访客留话等。

1）名片的内容与分类

名片的基本内容一般有姓名、工作单位、职务、职称、通讯地址等，也有把爱好、特长等情况写在上面，选择哪些内容，由需要而定，但无论繁、简，都要求信息新颖，形象定位独树一帜，一般情况下，名片可分两类。

（1）交际类名片。除基本内容之外，还可以印上组织的徽标，或可在中文下面用英文写，或在背面用英文写，便于与外国人交往。

（2）公关类名片。公关类名片可在正面介绍自己，背面介绍组织，或宣传经营范围，公关类的名片有广告效应，使组织收到更大的社会效益和经济效益。

2）名片的设计

名片的语言一般以简明清晰、实事求是，传递个人的基本情况，从而达到彼此交际的目的。在现实生活中，我们可以看到有些名片语言幽默、新颖，别具一格。在设计上，除了文字外，还可借助有特色或象征性的图画符号等非语言信息辅助传情,增强名片的表现力,但不能有烦琐的装饰,以免喧宾夺主。

3)名片的放置

一般说来,把自己的名片放于容易拿出的地方,不要将它与杂物混在一起,以免要用时手忙脚乱,甚至拿不出来;若穿西装,宜将名片置于左上方口袋;若有手提包,可放于包内伸手可得的部位。不要把名片放在皮夹内,工作证内,甚至裤袋内,这是一种很失礼仪的行为。另外,不要把别人的名片与自己的名片放在一起,否则,一旦慌乱中误将他人的名片当作自己的名片送给对方,这是非常糟糕的。

4)出示名片

(1)出示名片的顺序:名片的递送先后虽说没有太严格的礼仪讲究,但是,也是有一定的顺序的。一般是地位低的人先向地位高的人递名片,男性先向女性递名片。当对方不止一人时,应先将名片递给职务较高或年龄较大者;或者由近至远处递,依次进行,切勿跳跃式地进行,以免对方误认为有厚此薄彼之感。

(2)出示名片的礼节:向对方递送名片时,应面带微笑,稍欠身,注视对方,将名片正对着对方,用双手的拇指和食指分别持握名片上端的两角送给对方,如果是坐着的,应当起立或欠身递送,递送时可以说一些:"我是××,这是我的名片,请笑纳。""这是我的名片,请多关照。"等等。在递名片时,切忌目光游移或漫不经心。出示名片还应把握好时机。当初次相识,自我介绍或别人为你介绍时可出示名片;当双方谈得较融洽,表示愿意建立联系时就应出示名片;当双方告辞时,可顺手取出自己的名片递给对方,以示愿结识对方并希望能再次相见,这样可加深对方对你的印象。

5)接受名片

接受他人递过来的名片时,应尽快起身或欠身,面带微笑,用双手的拇指和食指接住名片的下方两角,态度也要毕恭毕敬,接到名片时要认真地看一下,可以说:"谢谢!""能得到您的名片,真是十分荣幸"等等。然后郑重地放入自己的口袋、名片夹或其它稳妥的地方。切忌接过对方的名片一眼不看就随手放在一边,也不要在手中随意玩弄,否则会伤害对方的自尊,影响彼此的交往。

6)名片交换的注意点

(1)与西方、中东、印度等外国人交换名片只用右手就可以了,与日本人交换用双手。

(2)当对方递给你名片之后,如果自己没有名片或没带名片,应当首先对对方表示歉意,再如实说明理由。如:"很抱歉,我没有名片""对不起,今天我带的名片用完了,过几天我会亲自寄一张给您的"。

(3)向他人索要名片最好不要直来直去,可委婉索要。

方法一,是"积极进取"。可主动提议:"某先生,我们交换一下名片吧",而不是单要别人的。方法二,是"投石问路"。即先将自己的名片递给对方,以求得其予以"呼应"。方法三,是虚心请教。比如说:"今后怎样向您求教",以暗示对方拿出自己的名片来交换。方法四,是呼吁"合作"。例如,可以说:"以后如何与您联系?"这也是要对方留下名片。

(4)如对方向你索要名片,你倘若实在不想满足对方的要求,也不应直言相告,为让对方不失面子,你可以表达得委婉一点。通常可以这样说:"对不起,我忘了带名片",或是"不好意思,我的名片刚刚才用完了。"

4.2 宴请礼仪

宴请是公务交往中常见的交际活动形式之一,恰到好处的宴请,熟悉宴请礼仪,会为双方的友谊增添许多色彩。常见的宴请类型主要有以下几种:

(1)宴会。可分为国宴、正式宴会、便宴和家宴。国宴规格最高,是国家元首或政府首脑为国家庆典或外国元首来访而举行的正式宴会。宴会厅内悬挂国旗,乐队奏国歌和席间乐,席间有祝辞或祝酒。正式宴会,除不挂国旗、不奏国歌及宴席规格不同外,其余安排与国宴相似。有些正式宴会极为讲究,对餐具、酒水、菜肴及陈设等均作严格要求。便宴作为非正式的宴会,形式简单,不排座位,不安排讲话,菜肴亦可酌减。便宴气氛比较随便、亲切。家宴,在家中设宴招待客人,是一种表示更加亲切友好的形式。宴会按时间的不同又分为早宴、午宴和晚宴。一般来说,晚上举行的宴会要比白天举行的宴会更为隆重。

(2)招待会。招待会是指一些不备正餐的宴请形式。一般备有食品和饮料,不排席位,可自由活动。招待会有冷餐会和酒会两种常见的形式。

(3)冷餐会又叫自助餐,举办时间多在中午12点至下午2点,下午5点至7点。地点可在室内、庭院或花园中,设小桌、椅子,自由入座,不排座位,也可站立进餐。菜肴多以冷食为主,备有酒水,餐桌同时陈设各种餐具,供宾主自取,边谈边用。

(4)酒会,亦称鸡尾酒会。以酒水为主,略备小吃,一般不设桌椅。酒会举办时间较为灵活,早、午、晚均可。客人到达和退席时间不受限制。近年来,采用酒会形式举办大型活动已日渐普遍。

(5)茶会。茶会是一种简单的招待形式。举行的时间一般在下午3点半或4点(最多延续到5点或5点半)。地点多设在客厅,厅内需设置坐椅和茶几,不排座次。茶会对茶叶和茶具的要求较高,讲究选择较好的茶叶和茶具。

(6)工作进餐。工作进餐是现代国际交往中经常采用的一种非正式的宴请形式,有工作早餐、工作午餐和工作晚餐之分。它便于边吃边谈,简便省时。工作进餐只请与工作有关的人员,而且工作进餐往往排席位。

4.2.1 中餐礼仪

随着中西饮食文化的不断交流,中餐不仅是中国人的传统饮食习惯,还越来越受到外国人的青睐。而这种看似最平常不过的中式餐饮,用餐时的礼仪却是有一番讲究的。

1)席位排列

中餐的席位排列,关系到来宾的身份和主人给予对方的礼遇,所以是一项重要的内容。中餐席位的排列,在不同情况下,有一定的差异。可以分为桌次排列和位次排列两方面。

(1)桌次排列

在中餐宴请活动中,往往采用圆桌布置菜肴、酒水。排列圆桌的尊卑次序,有两种情况。

第一种情况,是由两桌组成的小型宴请。这种情况,又可以分为两桌横排和两桌竖排的形式。当两桌横排时,桌次是以右为尊,以左为卑。这里所说的右和左,是由面对正门的位置来确定的。当两桌竖排时,桌次讲究以远为上,以近为下。这里所讲的远近,是以距离正门的远近而言。

第二种情况,是由三桌或三桌以上的桌数所组成的宴请。在安排多桌宴请的桌次时,除了要注意"面门定位""以右为尊""以远为上"等规则外,还应兼顾其他各桌距离主桌的远近。通常,距离主桌越近,桌次越高;距离主桌越远、桌次越低。

在安排桌次时,所用餐桌的大小、形状要基本一致。除主桌可以略大外,其他餐桌都不要过大或过小。

为了确保在宴请时赴宴者及时、准确地找到自己所在的桌次,可以在请柬上注明对方所在的桌次、在宴会厅入口悬挂宴会桌次排列示意图、安排引位员引导来宾按桌就座,或者在每张餐桌上摆放桌次牌(用阿拉伯数字书写)。各种桌次排列如图7.7所示。

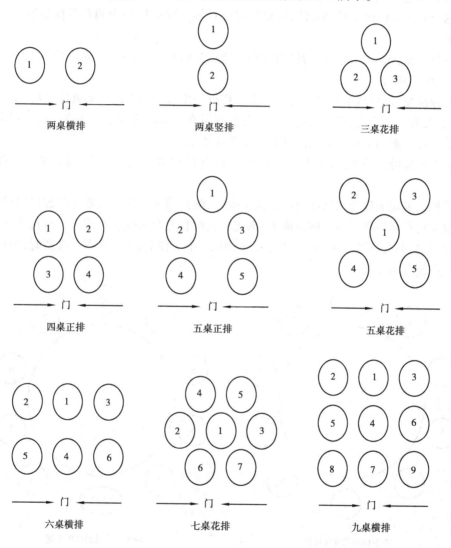

图7.7 中餐宴会桌次排列图

(2)位次排列

宴请时,每张餐桌上的具体位次也有主次尊卑的分别。排列位次的基本方法有四条,它们往往会同时发挥作用。

方法一,主人大都应面对正门而坐,并在主桌就座。

方法二,举行多桌宴请时,每桌都要有一位主桌主人的代表在座。位置一般和主桌主人同向,有时也可以面向主桌主人。

方法三,各桌位次的尊卑,应根据距离该桌主人的远近而定,以近为上,以远为下。

方法四,各桌距离该桌主人相同的位次,讲究以右为尊,即以该桌主人面向为准,右为尊,左为卑。

另外,每张餐桌上所安排的用餐人数应限在 10 人以内,最好是双数。比如,六人、八人、十人。人数如果过多,不仅不容易照顾,而且也可能坐不下。

根据上面四个位次的排列方法,圆桌位次的具体排列可以分为两种具体情况。它们都和主位有关。

第一种情况:每桌一个主位的排列方法。特点是每桌只有一名主人,主宾在右首就座,每桌只有一个谈话中心。

第二种情况:每桌两个主位的排列方法。特点是主人夫妇在同一桌就座,以男主人为第一主人,女主人为第二主人,主宾和主宾夫人分别在男女主人右侧就坐。每桌从而客观上形成了两个谈话中心。不同主位时的位次排列如图 7.8 所示。

如果主宾身份高于主人,为表示尊重,也可以安排在主人位子上坐,而请主人坐在主宾的位子上。

为了便于来宾准确无误地在自己位次上就座,除招待人员和主人要及时加以引导指示外,应在每位来宾所属座次正前方的桌面上,事先放置醒目的个人姓名座位卡。举行涉外宴请时,座位卡应以中、英文两种文字书写。中国的惯例是,中文在上,英文在下。必要时,座位卡的两面都书写用餐者的姓名。

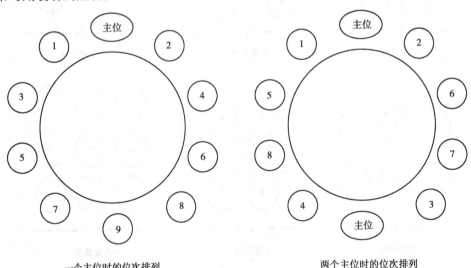

一个主位时的位次排列　　　　两个主位时的位次排列

图 7.8　不同主位时的位次排列

排列便餐的席位时,如果需要进行桌次的排列,可以参照宴请时桌次的排列进行。位次的排列,可以遵循四个原则。

一是右高左低原则。两人一同并排就座,通常以右为上座,以左为下座。这是因为中餐上菜时多以顺时针方向为上菜方向,居右坐的因此要比居左坐的优先受到照顾。

二是中座为尊原则。三人一同就座用餐,坐在中间的人在位次上高于两侧的人。

三是面门为上原则。用餐的时候,按照礼仪惯例,面对正门者是上座,背对正门者是下座。

四是特殊原则。高档餐厅里,室内外往往有优美的景致或高雅的演出,供用餐者欣赏。这时候,观赏角度最好的座位是上座。在某些中低档餐馆用餐时,通常以靠墙的位置为上座,靠过道的位置为下座。

2)中餐的上菜顺序

一顿标准的中餐大菜,不管什么风味,上菜的次序都相同。通常,首先是冷盘,接下来是热炒,随后是主菜,然后上点心和汤,最后上果盘。如果上咸点心的话,讲究上咸汤;如果上甜点心的话,就要上甜汤。一般当冷盘已经吃了2/3时,开始上第一道热菜。

3)用餐礼仪

俗话说:"站有站相,坐有坐相,吃有吃相",这里讲的进餐礼仪就是指要吃相文雅,符合礼仪要求,用餐礼仪主要有:

用餐的时候,不要吃得摇头摆脑,宽衣解带,满脸油汗,汁汤横流,响声大作。不但失态欠雅,而且还会败坏别人的食欲。可以劝别人多用一些,或是品尝某道菜肴,但不要不由分说,擅自做主,主动为别人夹菜、添饭。不说这样做是不是卫生,而且还会让人勉为其难。

取菜的时候,不要左顾右盼,翻来覆去,在公用的菜盘内挑挑拣拣。要是夹起来又放回去,就显得缺乏教养。多人一桌用餐,取菜要注意相互礼让,依次而行,取用适量。不要好吃多吃,而不考虑别人用过没有。够不到的菜,可以请人帮助,不要起身甚至离座去取。

用餐期间,不要敲敲打打,还要自觉做到不吸烟。用餐时,如果需要有清嗓子、擤鼻涕、吐痰等举动,尽早去洗手间解决。

用餐的时候,不要当众修饰。比如,不要梳理头发,化妆补妆等。如必要可以去化妆间或洗手间。

用餐的时候不要离开座位,四处走动。如果有事要离开,也要先和旁边的人打个招呼,可以说声"失陪了""我有事先行一步"等。

4.2.2　西餐礼仪

随着中西方商贸和文化的发展,人们的生活方式也发生变化,如今在我国越来越多的人接受了西餐。同时,在涉外活动中,为适合外国客人的饮食习惯,有时也用西餐来招待客人。为了能在西餐桌上显得文明、优雅,能让宾客能愉快享用西餐,必须了解并掌握西餐的用餐礼仪。

1)桌次排列

与中餐不同,西餐一般使用长桌。西餐的桌次高低与中餐一样,主桌为首位。西餐桌子放置方法可根据用餐人数的多少和场地大小而定。桌次依距主桌的远近而定,右为高,左为低。桌数多时,应摆放桌次排牌。如图7.9所示。

2)席位排列

西餐的席位排列次序是右高左低,男女交叉安排,以女主人的席位为准,主宾坐在女主人的右上方,主宾夫人坐在男主人的右上方,其他人员的席位安排一般按职务或年龄排列。

以长桌为例,一般是男、女主人在长桌中央面对面而作,客人按主次分坐于男、女主人两

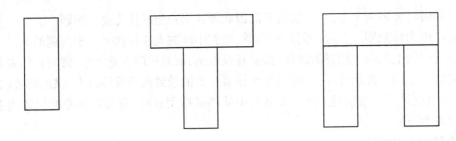

图 7.9　西餐餐桌排列图案

边,餐桌两端可以坐人,也可以不做。

如果长桌一端朝向正门,则男、女主人分别就座于长桌两端,其他客人分坐与桌子两边,客人席位高低,依距主人座位的远近而定。座次排列如图 7.10 所示。

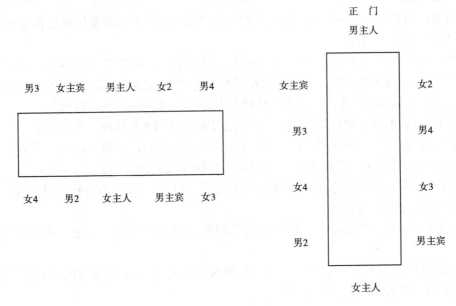

图 7.10　西餐宴会座次排列

3)西餐菜序的安排

西餐的菜序既多样,又讲究。首先上的是头盘也称开胃菜,以色拉类为主,多数是由蔬菜、水果、海鲜、肉食等组成的拼盘,主要是激发进食者的食欲,属于西餐的前奏。接下来上的是汤,具有很好的开胃作用。常见的汤类有白汤、红汤和清汤。第三道菜是副菜,通常水产类菜肴与蛋类、面包类、酥盒菜肴品都成为副菜。第四道菜,也称为主菜,是肉、禽类菜肴,最有代表性的主菜是牛排。吃过主菜后食用的是甜品,包括蛋糕、饼干、土司、三明治、馅饼之类的小点心,布丁、冰淇淋,以及草莓、苹果、橙子、葡萄、榛子、杏仁、开心果等干、鲜果品。用餐结束之前主人会为用餐者提供热饮,一般是红茶或咖啡,两者选择其一,主要是帮助消化。

4)用餐礼仪

入座后,主人招呼,即开始进餐。

使用刀叉进餐时,从外侧往内侧取用刀叉,要左手持叉,右手持刀;切东西时左手拿叉按住食物,右手执刀将其锯切成小块,然后用叉子送入口中。使用刀时,刀刃不可向外。进餐中放下刀叉时,应摆成"八"字型,分别放在餐盘边上。刀刃朝向自身,表示还要继续吃。每吃完一道菜,将刀叉并拢放在盘中。

取菜时,不要盛得过多。盘中食物吃完后,如不够,可以再取。如由招待员分菜,需增添时,待招待员送上时再取。如果本人不能吃或不爱吃的菜肴,当招待员上菜或主人夹菜时,不要拒绝,可取少量放在盘内,并表示"谢谢,够了。"对不合口味的菜,勿显露出难堪的表情。

如果是谈话,可以拿着刀叉,无需放下。不用刀时,也可以用右手持叉,但若需要做手势时,就应放下刀叉,千万不可手执刀叉在空中挥舞摇晃,也不要一手拿刀或叉,而另一只手拿餐巾擦嘴,也不可一手拿酒杯,另一只手拿叉取菜。

任何时候,都不可将刀叉的一端放在盘上,另一端放在桌上。

吃东西要文雅。每次送入口中的食物不宜过多,闭嘴咀嚼,喝汤不要啜,吃东西不要发出声音。如汤、菜太热,可稍待凉后再吃,切勿用嘴吹。嘴内的鱼刺、骨头不要直接外吐,用餐巾掩嘴,用手取出,或轻轻吐在叉上,放在菜盘内。

吃剩的菜,用过的餐具、牙签,都应放在盘内,勿置桌上。

无论是作主人、陪客或宾客,都应与同桌的人交谈,特别是左右邻座。不要只同几个熟人或只同一两人说话。但在咀嚼时不要说话,更不可主动与人谈话。邻座如不相识,可先自我介绍。

4.3　其他社交活动礼仪

4.3.1　舞会礼仪

舞会是一种现代社会中社交聚会的基本形式。是以跳交谊舞为核心的一种社会交往集会。也是一种轻松愉快的娱乐性活动,越来越受到人们的普遍喜爱,但是在参加舞会时也注意遵守基本的舞会礼仪。

1)舞会仪表

参加舞会服装要整洁、端庄、大方,仪表要修饰。女子可以化淡妆,适当洒些香水,通常要穿短、长晚礼服,或者上下分开的晚宴衣裙。男子也应适当讲究,男士参加正式舞会的传统着装是白色领结和大燕尾服。然而,很少有人拥有一套大燕尾服,甚至很少有人租用它们参加晚会。人们通常穿正式程度稍逊一等的小燕尾服或西服,显得大方、文雅。头发要梳整齐。

出席舞会之前,不要吃葱、蒜、韭菜等之类气味经久不散的食物,不要饮酒,在舞场上下,都不要吸烟。

2)邀请舞伴

在舞会上,人们主要的活动是跳舞。在舞会上所要邀请的舞伴,通常是和自己不熟悉的人,在这种情况下,要邀请舞伴,就非得遵从约定俗成的惯例不可,否则就会难遂人愿,甚至会招来误会、麻烦。邀请舞伴的惯例,大致上有以下两个要点必须遵守,在正式的舞会上,即使邀请熟人也不例外。

（1）男士邀请女士

根据惯例,在舞会上邀请舞伴时,应当是男士主动邀请女士。如果是上下级的关系,不论男女,下级都应主动邀请上级跳舞。

邀请的具体做法是:在舞曲响起后,男士可行至拟邀舞的女士面前,先跟她一起在座的男士或其他人点头示意,然后再对拟邀舞的女士点一下头,或者欠身施礼,伸出手,并且向对方轻声说"请您赏光",或者"可以请您跳舞吗"。

有些时候,女士也可以主动邀请男士跳舞,其具体做法与男士邀请女士相类似,所不同的是,男士邀请女士时,女士可以拒绝;而在女士邀请男士时,男士则一般不宜拒绝。

在正规的舞会上一般不宜独舞,也不提倡两名同性共舞。在邀请外宾参加的舞会上,"同性不共舞"更是最基本的规矩。在外国人看来,同性在一起跳舞有同性恋的嫌疑,男士共舞时尤为如此,两位女士共舞是允许的。不过它所代表的意思是:"我们没有男士邀请,恳请男士来邀请我们"。所以实际上很少会有人这么做。

(2)双向选择

能在舞会上得到他人的邀请,应视之为对方给予自己的一种礼遇。因为在舞会上无人邀请会令人发窘,故而一般不宜对邀请表示拒绝。

若是处于某种原因,不想接受他人的邀请,只要做得得体,也不能算失礼。在社交场合是讲究尊重女士的,而在舞会上被人邀请的多半也是女士,因此面对他人的邀舞不应让女士一味的被动,而应赋予其适度的双向选择的权利,也就是说,女士在舞会上可以拒绝男士的邀请。女士在拒绝男士邀请时,要委婉而客气,不要对对方置之不理,大说难听的话,最佳的婉拒方法,是先对对方表示感谢,随后告之"对不起,已有他人约过我了""我想暂时休息一下",或者"这首舞曲我不太会跳""我不太喜欢这支舞曲"。这些说法,都是让邀请者当时有台阶可下,所以,听到这类说法以后,邀请者应立即"撤退",切勿"再接再厉",自找没趣。而女士在告诉刚被拒绝的人"想暂时休息一下"后,也不可出尔反尔,马上接受他人的邀请。

3)跳舞的风度

在舞场上跳舞之时,不仅要跳得开心爽快,而且要自觉地保持风度。

(1)上下舞场时,一定要有规矩,有礼貌。特别要注意的是,要对舞伴予以应有的尊重,上场时,男士应主动跟在女士身后,由对方来选择跳舞之处。女士则应注意自己选择的地方不能过于拥挤,或者过于空旷。下场时,不宜在舞曲尚未结束先行离去。待舞曲演奏完毕,应立于原处,面对乐队或主持人所在之处鼓掌,以示感谢。随后,男士可在原处与女士告别,或是把对方送回原来之处再离开。在告别时,男士应对女士说"谢谢"。女士应回答对方"不客气"或"再见"。未与女士作别,男士不宜离去,尤其是不要为了拦截其他目标不告而别。上下舞场时,男士与女士均应缓步而行,方向既定,不要拐来绕去。

(2)舞姿要有美感。在跳舞时,舞姿应力求赏心悦目。在预备时,双腿应站直,身体要端正。在跳舞时,两人距离不宜相距过近,双方表情应当自然而活跃,切勿过于凝重呆滞,或是面露忧烦。姿态要端正,身体要正直、平稳,切勿轻浮,但也不要过分严肃,双方眼睛自然平视,目光从对方右上方穿过。不可面面相向,不要把头伸到对方肩上。一般男舞伴的右手搭在女舞伴脊椎位置,不要揽过脊椎,高低可以根据双方身材而定。男子高的,可以揽得高一些,注意这时女子要把左手搭得低一些,甚至搭在大臂中下部。千万不要把女舞伴右臂架起来,既不雅观也不舒适。男子右手不要揽得过紧,以力量大小变化来领舞,切莫按得太紧太死,甚至把女方的衣服揪起,弄得很不雅观。

跳舞中间,踩住对方的脚了,要说一声:"对不起。"旋转的方向应是逆时针行进,这才不致碰到别人。若碰到别人,要道歉,或微微点一下头致歉。

4.3.2 拜访礼仪

1)拜访前的相邀礼仪

不论因公还是因私而访,都要事前与被访者电话联系。联系的内容主要有四点:

(1)自报家门(姓名、单位、职务)。

(2)询问被访者是否在单位(家),是否有时间或何时有时间。

(3)提出访问的内容(有事相访或礼节性拜访)使对方有所准备。

(4)在对方同意的情况下定下具体拜访的时间、地点。注意要避开吃饭和休息、特别是午睡的时间。最后,对对方表示感谢。

2)拜访中的举止礼仪

(1)要守时守约。

(2)讲究敲门的艺术。要用食指敲门,力度适中,间隔有序敲三下,等待回音。如无应声,可再稍加力度,再敲三下,如有应声,再侧身隐立于右门框一侧,待门开时再向前迈半步,与主人相对。

(3)主人不让座不能随便坐下。如果主人是年长者或上级,主人不坐,自己不能先坐。主人让座之后,要口称"谢谢",然后采用规矩的礼仪坐姿坐下。主人递上烟茶要双手接过并表示谢意。如果主人没有吸烟的习惯,要克制自己的烟瘾,尽量不吸,以示对主人习惯的尊重。主人献上果品,要等年长者或其他客人动手后,自己再取用。即使在最熟悉的朋友家里,也不要过于随便。

(4)跟主人谈话,语言要和蔼。谈话时间不宜过长。起身告辞时,要向主人表示:"打扰"之歉意。出门后,回身主动伸手与主人握别,说:"请留步。"待主人留步后,走几步,再回首挥手致意:"再见。"

4.4 馈赠礼仪

中国人一向重交情,赠送礼品是表达友情的一种方式。送礼要选择好时间,最好是在重大节日或具有纪念意义的日子,如春节、中秋节、端午节、生日、婚礼日等。另外,若接到朋友喜庆请帖时,也应送礼。

礼品不可太贵重,应强调"礼轻情意重",注重纪念意义。可选择有纪念意义的、有特色的东西作为礼品,如能馈赠即使有钱也难买到的特制纪念品则更佳。另外,还要考虑到受礼人的喜好,应使礼品价值大于其物质价值,切不可将送礼变成行贿。此外,礼品最好有彩色包装。

喜礼一般在婚前送到。对于深交的朋友,即使对方请帖未到,也可先行送礼。开张答谢礼必须在揭幕或剪彩之前数小时送到,以送花篮最为普遍,也有送镜屏或镜画的。问候礼对朋友、同事可以送水果或鲜花。朋友帮过你的忙,为了表示谢意,送对方一些酬劳礼也是应该的。凡这类送礼,非寻常可比,所送的礼物,第一要投对方所好,第二要适合对方使用,要因人而定。赴宴礼品可在宴会开始前送到主人家,以表恭敬。如赴私人家邸访问,应注意为女主人带些小艺术品、土特产等。如果有小孩,可带些糖果玩具。

送礼时一般应当面赠送,可附上祝词和名片。收礼时最好当面打开包装欣赏礼品,并握手致谢:"我非常喜欢""好漂亮""谢谢"等。

收到寄来的礼品,应及时回复短信或名片致谢。

4.4.1 人多的场合如何赠送礼品

首先要考虑礼品的数量、礼品发放的范围、礼品的种类。在人多的场合发放礼品,往往可能会漏掉一些人,因此,要格外小心礼品的数量。宁可多备一些,不可少发,否则会导致一些尴尬。

也可双方协商好,只赠主宾,其他客人的礼品另择机赠送。另外,人多场合赠送的礼品不宜过于贵重或具有针对个人的倾向。

4.4.2 选择礼品要考虑赠礼的对象

选择不同的礼品给不同的人是很多国家的习俗,特别是不同身份的人给不同的礼品非常重要。如果给主人和陪同人员的礼品完全相同,在一些国家会被认为是一种不尊重。

把受礼人的单位或姓名刻在礼品上的某个位置,注明赠礼的理由,会使礼品具有更大的珍藏价值。

同一个人在前后几次见面时要尽可能分送不同的礼品,否则说明赠礼人欠缺诚意。

4.4.3 送花常识

爱花是人类的天性。一束花,几枝玲珑剔透的枝叶,配上色彩调和的花器,忽地眼前一亮,就能把阴沉、烦闷、忧郁一扫而光,使人们在赏心悦目之余,陶醉在安静祥和之中。这时的一盆花,不仅会带给你心灵的舒适,更是精神的寄托。这就是插花的功效。在节日期间,送给对方一束花,对增进彼此的感情大有好处。因此,什么节日、什么季节送什么样的花,很有讲究。

圣诞节:在严寒的冬天,百花凋零,只有细长的圣诞红随风摇曳。因此12月份的花,最好以菊花、玫瑰和圣诞红为主。

春节:这是合家团聚,一家大小互道新年快乐的好时节,以水仙花、天堂鸟、佛手、百合、松枝为主。

母亲节:这是感谢母亲恩情的节日,应用插花来表达孝心,可以康乃馨为主。

仲夏:夏天阳光高照,炙热难当,我们需要的是清凉舒适,应以莲花、康乃馨、玫瑰为主,花材不宜多,以清淡感为佳。

秋季:秋天枫叶红满山,金风送爽,宁静飘逸,是诗人的季节。以百合、黄菊为主,具有秋天特有的风情。

冬季:冬天瑟瑟寒风,人们多愿意留在家中,不妨以红玫瑰、铁树叶等代表冬日之太阳,令人们心中充满暖意。

世界各地都有送花的习俗,但要注意的是:

西方人送花只送单数,但不能送13枝;西方人送花一般用玫瑰代表爱情,用菊花代表哀思;很多地方的人都认为黄色的花不太好,所有送黄色花要慎重;日本人送花不送荷花,因为荷花经常被画在棺材上；每个国家基本都有自己的国花，送国花一般都会受欢迎。

4.4.4　不适宜赠送的物品

刀。赠送刀子被认为含有一刀两断的意思，应避免选作礼品。但有两种刀有时可以作礼品赠送：一种是特别富有民族特色的礼品刀，如阿拉伯弯刀；另外一种就是瑞士军刀。很多国家的男子很喜欢这两种刀。

钟和鞋子。钟或代表死亡，或代表浪费时间，因此不作礼品送人。鞋子往往被认为不洁或不吉利，也应避免作为礼品。

药品。药品与疾病、不健康或死亡相联系。但保健品在很多国家受到欢迎。

动植物活体、生鲜食品、种子不宜送外国来访客人。许多国家有很严格的动、植物检疫法，不允许此类东西进入国门。

4.4.5　赠送礼品的包装

包装礼品前一定要把礼品的价格标签取掉，如果很难取，则应把价目签用深色颜料涂掉；

易碎的礼品一定要装在硬质材料的盒子里，然后填充防震材料，如海绵、棉花等，外面再用礼品纸包装；

要注意从色彩、图案等方面选择适合的礼品纸。不选用纯白、纯黑色包装纸。要注意有些国家和民族的人对色彩与图案有不同的理解。如果用彩带扎花，不能结出"十字"状，日本人则不喜欢"蝴蝶结"。

如果礼品得托人转交，或者为了保证受礼人知晓礼品的来源，可以在礼品包装好后，把送礼人的名片放在一个小信封中，粘贴在礼品纸上。

4.4.6　赠礼的时机

赠送礼品没有严格的时间限制，一般习惯是：

送花可以在迎送初期。会谈会见时一般在起身告辞时赠送。签字仪式一般在仪式结束时互赠礼品。用餐时：正式宴会如果有礼品互赠仪式，应按计划在相应时间段赠送，除此之外，一般是在临近结束时赠送；家宴一般在开始前赠送品。祝贺欢庆：一般是开始或者提前赠送。

4.4.7　赠礼的方式

如果是会谈会见等活动，一般由最高职位的人代表本方向对方人员赠送礼品；赠送应从地位最尊的人开始；同一级别的人员中应先赠女士后赠男士，先赠年长者后赠年少者。

赠送礼品应双手奉送，或者用右手呈交，避免用左手。

有些国家的人在接受礼品时有推辞的习惯，但这只是一种礼节，并不代表拒绝。如果赠送的礼品确实没有贿赂之意，则应大胆坚持片刻。如果对方坚持拒收，则可能确实有不能接受的理由，不能一再强求，也不应表现出不高兴的情绪。

4.4.8　接受赠礼

接受礼品看起来很简单，但其中也有一些需要注意的方面：

一般不当面拒绝礼品。如果认为对方的礼品考虑欠妥,应在事后及时予以说明,取得对方的谅解后再行退还;

一般而言,东方人接受礼品时,在表示感谢后,往往会把礼品收起来,而西方人往往习惯于当场打开礼品,表示赞美,有时还会表示礼品正是自己期待已久的物品等。

西方的习惯一般在收到礼品一周之后,会写一封信表示感谢。

4.4.9　回礼的时机与方式

一般而言,来客应该赠送礼品,主人则应回礼。回礼的方式可以有很多种,既可以回赠一定物品,也可以用款待对方的方式来回礼。如果是回赠礼品,应注意以下几点:

不超值。回礼的价值一般不应超过对方赠送的礼品,否则会给人攀比之感。

收到私人赠送的礼品,回礼时应该有一个恰当的理由和合适的时机,不能为了回礼而不选时间、地点地单纯回送等值的物品。分别时是最好的回礼时机之一。

要学会挑选礼品。礼品的价值不在于是否名贵,而在于适宜。一份适时宜人的礼物就会赢得友情。选择礼品时,宜选一些物美价廉、具有纪念意义,有民族特色并有一定艺术欣赏价值的物品,例如受礼人喜爱的小艺术品、小纪念品、食品、花束、书籍、画册或一般日用品等。

赠送的礼品一般要用礼品纸(花色、彩色纸)包装。即使礼品本身装在盒子里,也要另加包装,然后用彩带系上漂亮的蝴蝶结、梅花结等。

礼品一般应当面赠送,参加婚礼或送别可预先送去。祝贺生日、赠送年礼,可派人送上门或邮寄,并随礼品附上送礼人的名片,也可书写贺词,装在大小相当的信封内。信封上写清楚受礼人姓名。

4.4.10　送礼忌讳

(1)选择的礼物,首先自己要喜欢,自己都不喜欢的礼物,别人未必就会喜欢。

(2)为避免几年选同样的礼物给同一个人的尴尬情况发生,最好每年送礼时做一下记录。

(3)千万不要把以前接收的礼物转送出去,或丢掉它,送礼物给你的人会留意你有没有用他所送的物品。

(4)切勿直接去问对方喜欢什么礼物,一方面可能他要求的会导致你超出预算,另一方面你即使照着他的意思去买,也可能会因为颜色、大小的差异反而显得没有诚意。

(5)切忌送一些将会刺激别人感受的东西。

(6)不要打算以你的礼物来改变别人的品味和习惯。

(7)必须考虑接受礼物人的职位、年龄、性别等。

(8)即使你比较富裕,送礼物给一般朋友也不宜太过,而送一些有纪念的礼物较好。接受一份你知道你的朋友难以负担的精美礼品,内心会很过意不去,因此,送礼的人最好在自己能力负担范围内较为人乐于接受。

(9)谨记除去价钱牌及商店的袋装,无论礼物本身是如何不名贵,最好用包装纸包装,有时细微的地方更能显出送礼人的心意。

(10)考虑接受者在日常生活中能否应用你送的礼物。

项目小结

礼仪是人类为维系社会正常生活而要求人们共同遵守的最起码的道德规范,它是人们在长期共同生活和相互交往中逐渐形成,并且以风俗、习惯和传统等方式固定下来。对一个人来说,礼仪是一个人的思想道德水平、文化修养、交际能力的外在表现,对一个社会来说,礼仪是一个国家社会文明程度、道德风尚和生活习惯的反映。我们应当加强实践礼仪,使人们在"敬人、自律、适度、真诚"的原则上进行人际交往,告别不文明的言行。

思考和训练

一、基础练习

1. 出席公务活动场合,女士选择下列哪一套服饰最合适?

2. 出席公务活动场合,男士选择下列哪一套服饰最合适?

3. 练习正确的站姿、坐姿、走姿和手势。

4. 掌握化职业妆的技巧。

5. 模拟演练各种会议座次。

6. 模拟角色演练接待礼仪。

7. 掌握正确的握手礼、鞠躬礼。

8. 模拟演练中餐、西餐的席位排列。

9. 模拟演练邀请、拒绝舞伴。

10. 情景创设,选择恰当的礼品。

二、案例思考

1. 小王的口头表达能力不错,对公司产品的介绍也得体,不仅学历高,也很勤快,老板对他抱有很大希望。但是做销售代表多年,业绩总上不去。原来,他是个不爱修边幅的人,双手留着长指甲,里面藏了很多"东西",有时手上还记着电话号码。他喜欢吃大饼卷大葱,吃完后,不知道去除异味的重要性。在大多数情况下,根本没有机会见到想见的客户。还有客户反映小王说话太快,经常没听懂或没有听完客户意见就急着发表看法。

(1)你认为小王在哪些方面应该提高?

(2)结合所学知识,谈谈小王如何改进?

2. 刘女士在北京音乐厅听一场由著名大师指挥的交响乐会。音乐演奏到高潮处,全场鸦雀无声、凝神谛听,突然手机铃声响起,但刘女士却按下接听键接听起电话,在宁静的大厅中显得格外刺耳。演奏者、观众的情绪都被打断,大家纷纷回头用眼神责备这位不知礼者。

(1)刘女士违反了电话礼仪中的什么要求?

(2)结合所学知识,谈谈正确的做法是什么?

3. 某日,某分公司举办一次重要会议,请来了总公司的总经理,并邀请了同行业知名人士。总公司总经理所乘航班是下午6点半抵达,前去接机的分公司副经理6点出发,结果遇上上下班交通高峰,途中堵车,到机场是已是7点。6点半抵达的总经理因未见前来接机的人,自己乘坐了出租车,住进了机场附近的宾馆。

(1)分公司副经理违反了迎接礼仪中的什么要求?

(2)结合所学知识,谈谈正确的做法是什么?

4. 杨先生到一家西餐厅就餐,他拿起刀叉,用力切割,发出刺耳的响声;他狼吞虎咽,将鱼刺随便吐在洁白的台布上;他随意将刀叉并排放在餐盘上,讲餐巾放在桌上,起身去了一趟洗手间,回来之后,发现餐桌已收拾干净,服务员拿着账单请他结账。他非常生气,与服务员争吵起来。

(1)杨先生哪里做错了?

(2)结合所学知识,谈谈正确的做法是什么。

参考文献

[1] 徐飚.职业素养基础教程[M].北京:电子工业出版社,2009.

[2] 刘明新,等.职业伦理与职业素养[M].北京:机械工业出版社,2009.

[3] 艾于兰,等.职业素养开发与就业指导[M].北京:机械工业出版社,2009.

[4] 张天祥,等.职业素养与实务[M].云南:云南科技出版社,2008.

[5] 金正昆,等.现代礼仪[M].北京:北京师范大学出版社,2006.

[6] 姜红,等.商务礼仪[M].上海:复旦大学出版社,2009.

[7] 白巍.公关礼仪[M].北京:中国经济出版社,2008.

[8] 徐洁,等.社交礼仪[M].北京:中国商业出版社,2006.

[9] 徐伟民.道德的时代性与新时期道德建设[J].学习月刊,2009(4下).

[10] 白艳红.加强职业道德建设 提高企业竞争力[J].山西建筑,2007(35).

[11] 张月红.加强职业道德建设 树立良好企业形象[J].云南电业,1998(02).

[12] 施金根.德能兴企 德能强企——湖北省职工职业道德建设扫描[J].中国职工教育,2006(08).

[13] 苏江.企业文化建设与企业凝聚力初探[J].广西电业,2005(04).

[14] 何海涛.我有责任说出一个即将发生的事实——企业社会责任在中国的推行刻不容缓[J].华人世界,2007(05).

[15] 魏彦.论职业道德与企业经济效益[J].中小企业管理与科技,2009(16).

[16] 钱安国.职业道德修养教程[M].北京:北京工业大学出版社,2003:1.

[17] 冯函秋.大学生职业发展与就业指导[M].北京:科学出版社,2008:7.